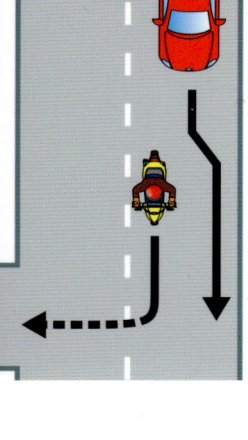

ある場合は禁止されている
い。

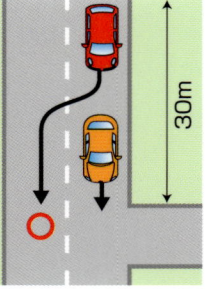

合は禁止されていない。

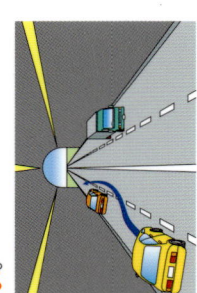

路面電車の側方を通過するとき

原則 停留所に路面電車が停止しているときは、その後方で停止しなければならない。

 **例外規定**

次のようなとき、徐行して通行できる。
- 安全地帯がある停留所で、停車中の路面電車の側方を通過するとき。
- 安全地帯のない停留所で、乗降客がなく路面電車との間に1.5メートル以上の間隔がとれる場合に側方を通過するとき。

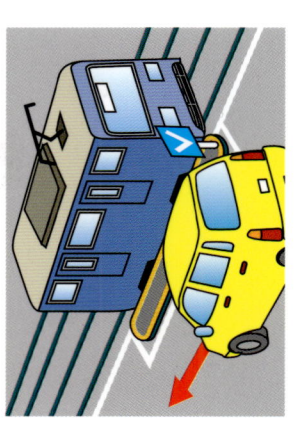

徐行しなければならない場所

① 「徐行」の標識があるところ　② 左右の見通しのきかない交差点
③ 道路の曲がり角付近　　　　④ 上り坂の頂上付近
⑤ こう配の急な下り坂

 **例外規定**

↑① 信号機などで交通整理が行われている場合や優先道路を通行している場合は徐行しなくてもよい。

優先道路は徐行せず

↑② 信号に従って徐行せずに通行できる

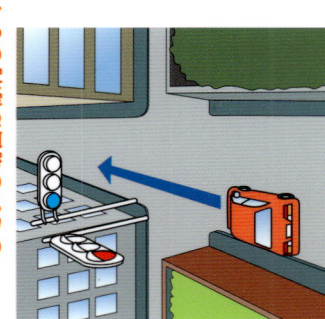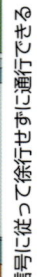

信号に従って徐行せずに通行できる

原則 交差点をさけて、道路の左側に寄り、一時停止する

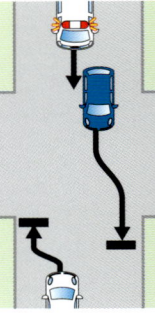

例外規定 一方通行の道路で、左側に寄ると緊急自動車の妨げになる場合は、交差点をさけて右側に寄り、一時停止する

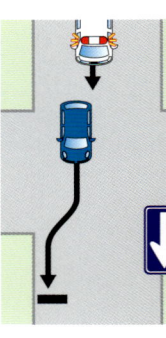

原則 道路の左側に寄って道をゆずる

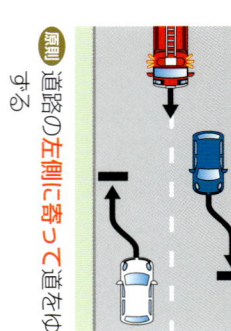

例外規定 一方通行の道路で、左側に寄ると緊急自動車の妨げになる場合は、右側に寄って道をゆずる

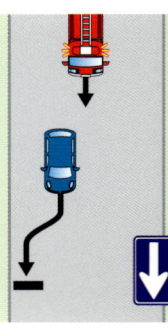

●著者略歴

長 信一（ちょう しんいち）

1962年、東京生まれ。83年、都内にある自動車教習所に入社。86年、運転免許証にある全種類の免許を完全取得。指導員としても多数の合格者を世に送り出すかたわら、所長代理を歴任。現在は「自動車運転免許研究所」の所長として、運転免許関連の書籍を多数執筆中。手がけた本は200冊を超える。趣味は、オートバイに乗ること。雑誌、テレビでも活躍中。

●スタッフ紹介

表紙デザイン／NON design：小島トシノブ
本文デザイン・組版／宮嶋まさ代
本文図版／くぼゆきを
編集協力／PAQUET
編集担当／伊藤雄三（ナツメ出版企画）

ナツメ社Webサイト
https://www.natsume.co.jp
書籍の最新情報（正誤情報を含む）はナツメ社Webサイトをご覧ください。

本書に関するお問い合わせは、書名・発行日・該当ページを明記の上、下記のいずれかの方法にてお送りください。電話でのお問い合わせはお受けしておりません。
・ナツメ社webサイトの問い合わせフォーム
https://www.natsume.co.jp/contact
・FAX（03-3291-1305）
・郵送（右記、ナツメ出版企画株式会社宛て）

なお、回答までに日にちをいただく場合があります。正誤のお問い合わせ以外の書籍内容に関する解説・受験指導は、一切行っておりません。あらかじめご了承ください。

オールカラー普通免許〈ひっかけ対策〉問題集

2025年7月20日 発行

著　者　長 信一
発行者　田村正隆

© Cho Shinichi,2015

発行所　株式会社ナツメ社
　　　　東京都千代田区神田神保町1-52 ナツメ社ビル1F（〒101-0051）
　　　　電話 03（3291）1257（代表）　FAX 03（3291）5761
　　　　振替 00130-1-58661

制　作　ナツメ出版企画株式会社
　　　　東京都千代田区神田神保町1-52 ナツメ社ビル3F（〒101-0051）
　　　　電話 03（3295）3921（代表）

印刷所　TOPPANクロレ株式会社

ISBN978-4-8163-5768-8　　Printed in Japan

〈定価は表紙に表示してあります〉〈落丁・乱丁本はお取り替えします〉

本書に関するお問い合わせは、上記、ナツメ出版企画株式会社までお願いいたします。
本書の一部または全部を著作権法で定められている範囲を超え、ナツメ出版企画株式会社に無断で複写、複製、転載、データファイル化をすることを禁じます。

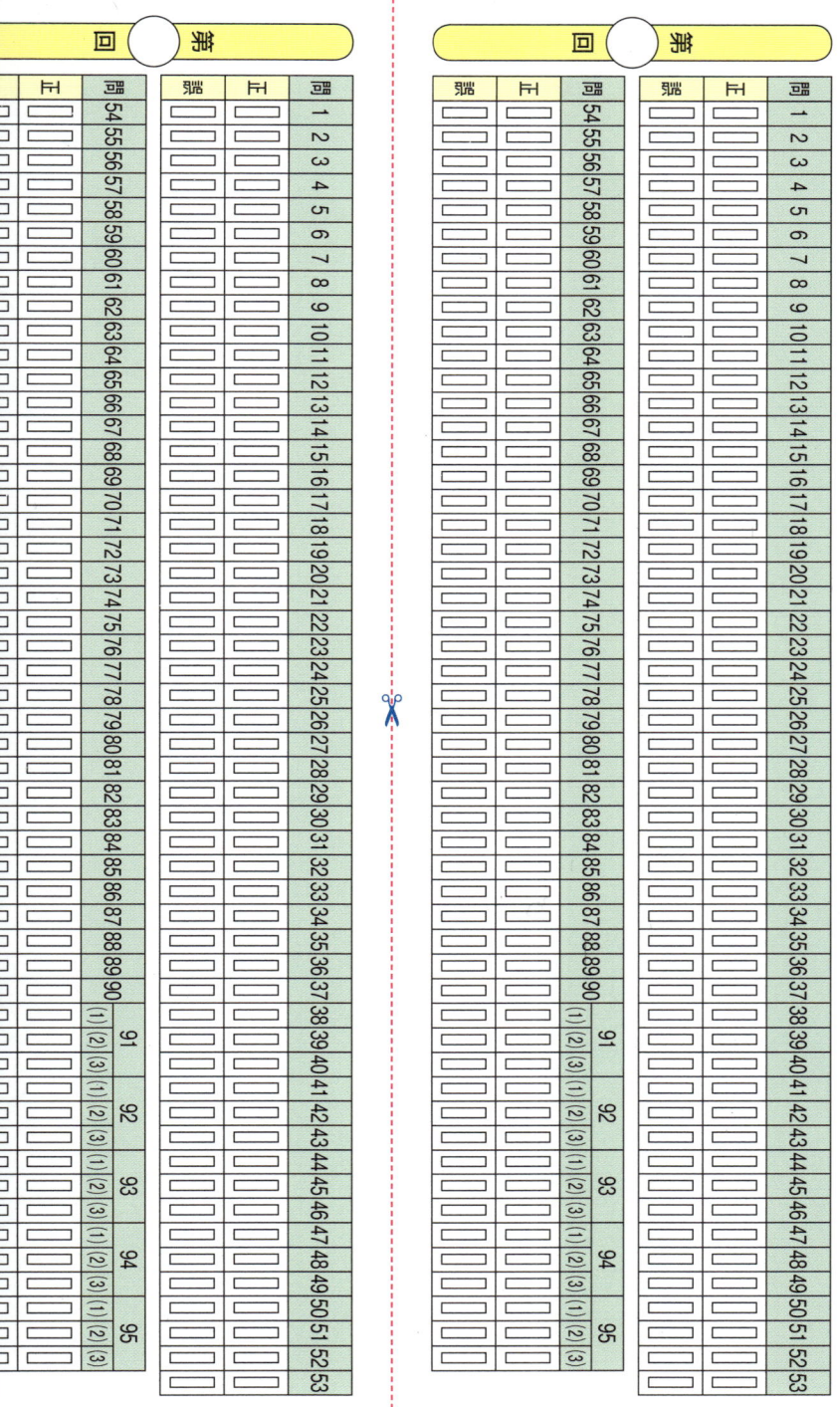

第 回

正																																																					
誤																																																					

問	54	55	56	57	58	59	60	61	62	63	64	65	66	67	68	69	70	71	72	73	74	75	76	77	78	79	80	81	82	83	84	85	86	87	88	89	90	91			92			93			94			95		
																																						(1)	(2)	(3)	(1)	(2)	(3)	(1)	(2)	(3)	(1)	(2)	(3)	(1)	(2)	(3)
正																																																				
誤																																																				

第 回

問	1	2	3	4	5	6	7	8	9	10	11	12	13	14	15	16	17	18	19	20	21	22	23	24	25	26	27	28	29	30	31	32	33	34	35	36	37	38	39	40	41	42	43	44	45	46	47	48	49	50	51	52	53
正																																																					
誤																																																					

問	54	55	56	57	58	59	60	61	62	63	64	65	66	67	68	69	70	71	72	73	74	75	76	77	78	79	80	81	82	83	84	85	86	87	88	89	90	91			92			93			94			95		
																																						(1)	(2)	(3)	(1)	(2)	(3)	(1)	(2)	(3)	(1)	(2)	(3)	(1)	(2)	(3)
正																																																				
誤																																																				

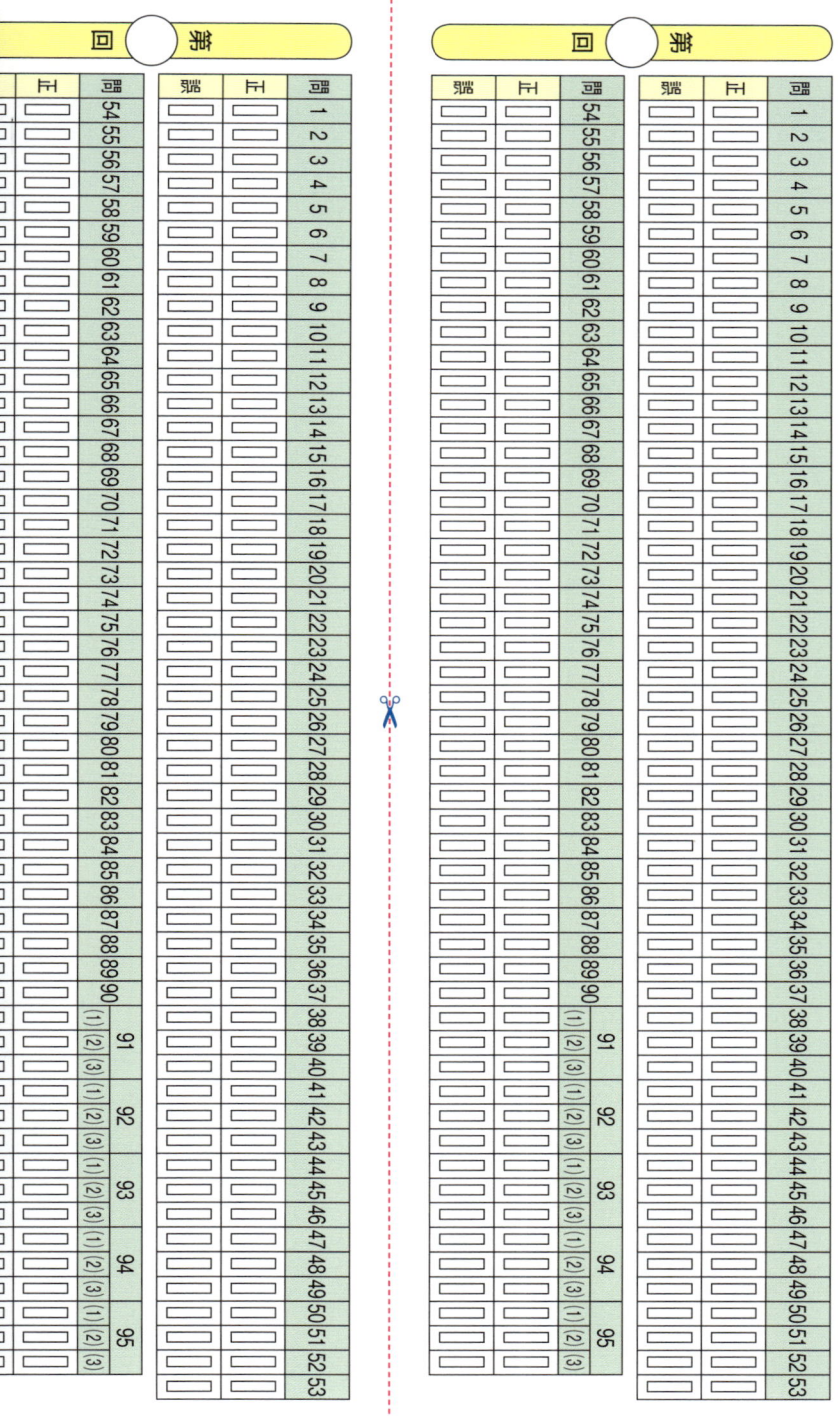

第　回

問	正	誤	問	正	誤
1	□	□	54	□	□
2	□	□	55	□	□
3	□	□	56	□	□
4	□	□	57	□	□
5	□	□	58	□	□
6	□	□	59	□	□
7	□	□	60	□	□
8	□	□	61	□	□
9	□	□	62	□	□
10	□	□	63	□	□
11	□	□	64	□	□
12	□	□	65	□	□
13	□	□	66	□	□
14	□	□	67	□	□
15	□	□	68	□	□
16	□	□	69	□	□
17	□	□	70	□	□
18	□	□	71	□	□
19	□	□	72	□	□
20	□	□	73	□	□
21	□	□	74	□	□
22	□	□	75	□	□
23	□	□	76	□	□
24	□	□	77	□	□
25	□	□	78	□	□
26	□	□	79	□	□
27	□	□	80	□	□
28	□	□	81	□	□
29	□	□	82	□	□
30	□	□	83	□	□
31	□	□	84	□	□
32	□	□	85	□	□
33	□	□	86	□	□
34	□	□	87	□	□
35	□	□	88	□	□
36	□	□	89	□	□
37	□	□	90	□	□
38	□	□	91 (1)(2)(3)	□	□
39	□	□	92 (1)(2)(3)	□	□
40	□	□	93 (1)(2)(3)	□	□
41	□	□	94 (1)(2)(3)	□	□
42	□	□	95 (1)(2)(3)	□	□
43	□	□			
44	□	□			
45	□	□			
46	□	□			
47	□	□			
48	□	□			
49	□	□			
50	□	□			
51	□	□			
52	□	□			
53	□	□			

第　回

問	正	誤	問	正	誤
54	□	□			
55	□	□			
56	□	□			
57	□	□			
58	□	□			
59	□	□			
60	□	□			
61	□	□			
62	□	□			
63	□	□			
64	□	□			
65	□	□			
66	□	□			
67	□	□			
68	□	□			
69	□	□			
70	□	□			
71	□	□			
72	□	□			
73	□	□			
74	□	□			
75	□	□			
76	□	□			
77	□	□			
78	□	□			
79	□	□			
80	□	□			
81	□	□			
82	□	□			
83	□	□			
84	□	□			
85	□	□			
86	□	□			
87	□	□			
88	□	□			
89	□	□			
90	□	□			
91 (1)(2)(3)	□	□			
92 (1)(2)(3)	□	□			
93 (1)(2)(3)	□	□			
94 (1)(2)(3)	□	□			
95 (1)(2)(3)	□	□			

第5回 普通免許試験問題 解答と解説

※原付車とは一般原動機付自転車を表す。

⦿……ひっかけ問題（▶▶……対策参照ページ）　⦿……数字の暗記で解ける問題（黄色の数字を確実に覚えよう）

問	解答	解説
問1	○	停止期間中に運転すると、無免許運転となり罰せられる。
問2	×	運転者は、乗車定員に含まれている。
問3	×	大型免許では、大型特殊自動車を運転することはできない。
問4	×	前方優先道路の標示。交差する道路のほうが優先道路。
問5	×	事故を起こした場合は、その責任は運転者自身にある。
問6	×	人身事故、物損事故にかかわらず届け出なければならない。
⦿問7 ▶▶P.5問4	○	歩行者のそばを通るとき、車は安全な間隔をあけるか、あるいは徐行しなければいけない。
問8	○	「眼鏡等」の条件には、コンタクトレンズの使用も含まれる。
⦿問9 ▶▶P.7問3	×	荷物の見張りのために必要な最小限度の人を乗せることは認められている。
問10	×	右折禁止ではなく原付車の二段階右折が禁止されている。
問11	○	あらかじめの安全確認し他の交通の妨げにならないようにする。
問12	×	先に交差点に入っていても、進行を妨げてはいけない。
問13	×	夕日の反射などで見えにくいとき、手による合図を行う。
⦿問14 ▶▶P.9問10	×	ライトで見える範囲外にも人がいるおそれがあるので、停止できるように速度を落として進行する。
問15	×	三輪車のブレーキは前後輪を同時にかけるほうが安全。
問16	×	「立入り禁止部分」を表し、中に入ってはならないことを示す。
問17	×	追い越し禁止が終わったら、すみやかに戻らなければならない。
問18	×	遠くに見えてもすぐ接近してくるので、一時停止する。
⦿問19 ▶▶P.10問7	×	同じ場所に引き続き、昼間は12時間以上、夜間は8時間以上、それぞれ駐車してはいけない。
問20	×	左側に寄るか、えっ入って妨げとなる場合は、右側に寄る。

問	解答	解説
問55	×	急に左側の車線から右側の車線に移るのは危険。
問56	×	チェーンなどをつけていても、スリップするおそれがある。
問57	○	踏切内では止まるおそれがあるときは、入ってはならない。
問58	×	優先道路を通行しているので、追い越しができる。
問59	×	シートベルトは、同乗者全員に着用させなければならない。
⦿問60 ▶▶P.11問5	○	転回や右折の合図は、その30メートル手前の地点で行う。
⦿問61 ▶▶P.11問5	×	普通自動車の範囲内であっても、三輪自動車やけん引自動車は通行できない。中に入っての駐停車は禁止されている。
問62	×	自動車の法定最高速度は、時速80キロメートル。
問63	○	設問の内容は「明順応」ではなく「暗順応」。
⦿問64 ▶▶P.10問6	×	速度を半分に落としても、徐行したことにはならない。
問65	○	図は「歩行者専用路側帯」。歩行者は通行できるが、駐車両は通行できない。中に入っての駐停車は禁止されている。
問66	○	設問の手による合図は、信号機の赤色の信号と同じ意味。
問67	×	横断歩道の直前で停止して、歩行者に道をゆずる。
問68	×	自動車の幅の1.2倍まではみ出して積むことができる。
問69	×	二輪車であっても、坂の頂上付近は駐停車禁止。
問70	×	どちらの坂もエンジンブレーキを活用し、フットブレーキは補助的に使う。
問71	×	左方のB車が優先。A車はB車の進行を妨げてはいけない。
問72	×	こう配の急な上り坂は、追い越し禁止場所ではない。
問73	○	設問のような場合は、追い越し禁止されている。
問74	○	視認性を高めるため、目につきやすいものを着用する。
問75	×	設問の場合は、けん引免許は必要ない。

問	○/×	解説	問	○/×	解説
問29	○	警音器をむやみに使用してはいけない。	問80	○	設問の軽自動車の乗車定員は、1人。
問30	○	二輪車は、運転者と同乗者が一体となった運転が必要。	問81	×	空走距離と制動距離を合わせたものが、停止距離。
問31	○	車間距離を長めにとり前車の制動灯等に注意し運転する。	問82	×	車両通行帯がある場合は追い越しトンネルに限って追い越し禁止。車両通行帯がない場合はトンネルに限って追い越し禁止。車
問32	○	設問のような方法で、まず安全に停止する。	▶▶P.11問6		
問33	○	左側に寄って通行しなければならない。	問83	○	追突などの危険を避けるため、ガードレールの外側な
問34	×	「指定方向外進行禁止」を表し、青の矢印以外は禁止。	問84	×	どの安全な場所に避難する。
問35	×	原付車は、青の矢印信号に従って右折してはいけない。	問85	×	一点を注視せず、つねに広く等しく目配りをしながら運
問36	×	車両総重量8トン未満の車は、時速100キロメートル。			転する。
問37	○	点火スイッチを切って、エンジンの回転を止める。	問86	×	設問の場合の交通は、青色の灯火信号と同じ。
問38	○	右折や転回の合図は、その30メートル手前の地点で行う。	問87	○	原付車は、時速30キロメートルを超えて運転してはいけな
▶▶P.6問1					い。
問39	○	設問の場所では、歩行者や自転車の安全な横断を保護す	問88	×	ハンドルには、急な飛び出しに備えが必要。
		るため、追い越しと追い抜きの両方が禁止されている。	問89	○	速度を落とし、適度なあそびが必要。
問40	○	「右側通行」の標示。右側にはみ出して通行できる。	問90	○	対向車が中央線を越えて進行してくるおそれがある。
問41	○	民事上の責任は、運転者本人が負うことになる。	問91	○	速度の遅い車であれば、どんな車でも通行できる。
問42	○	新たに自動車検査証を受けなくなることがある。			
問43	×	前照灯を下向きに切り替えて運転する。	問92	○	カーブを曲がり始めると急に遠心力がきかなくなるので、速度を落とす。
問44	○	追い越しが禁止されているのは、こう配の急な下り坂	問93	○	警音器は鳴らさず、急な飛び出しに備える。
▶▶P.6問4		のみ。	問94	○	前方の安全をよく確かめて進行する。
問45	×	遠心力が制動距離は速度の2乗に比例するので4倍。	問95	×	対向車と衝突するおそれがある。
問46	×	マイクロバス（乗車定員11人以上29人以下）も運行不可。		○	後続車に注意しながら、速度を落として進行する。
問47	×	飲酒したと人に運転を依頼すると、頼んだ人も罰せられる。		×	子どもが急に車道へ出てくるおそれがある。
問48	○	バス以外の車は、室内灯をつけないようにする。		○	危険を予測して、安全な車間距離をあける。
問49	○	左前輪を左側いっぱいに寄せると、左後輪は脱輪する。		×	危険を予測して進路を変えるのは、正しい運転行動。
問50	○	補助標識は本標識に寄せる。		○	右の車は、自車の接近に気づかずに進行するおそれがある。
問51	×	低速ギアのまま変速しないで、一気に通過する。		○	歩行者に注意しながら、減速する。
問52	×	路面電車に対する信号なので、自動車は従ってはいけない。		×	歩行者や自転車が無理に横断してくるおそれがある。
問53	○	走行距離や運行中の状況から判断し、適切な時期に行う。			
問54	×	放置行為は、車の使用者も責任を問われることがある。			
問55	×	しばらく低速回転させ、温度が低下してから水を補充する。			

第3回 普通免許試験問題 解答と解説

※原付車とは一般原動機付自転車を表す。

○……ひっかけ問題　▶……対策参照ページ　 （ 　 の数字を確実に覚えよう）

問1	×	通行を妨げるおそれがあるときは、中に入ってはいけない。
問2	×	検査標章の数字は、次回の検査の時期を表す。
問3	×	足先を前方に向け、両ひざでタンクを締めるようにする。
問4	×	エンジンブレーキは、高速より低速のギアのほうが効く。
▶P.11問4 問5	○	加速車線、減速車線、登坂車線、そして路側帯は、本線車道に含まれない。
問6	○	
問7	○	1年を経過していないときは、2人乗りをしてはいけない。
問8	×	歩行者と普通自転車などは以外の車は通行できない。
問9	×	原付車であっても、追い越しをしてはいけない。
問10	×	混雑の度合いに関係なく、路側帯を通行してはいけない。
問11	○	高齢者や子どもなどには、十分な注意が必要。
◉問12	×	普通自動車の法定最高速度は、**時速60キロメートル**。
問13	×	「直角駐車」の標識。直角駐車しなければならない。
問14	×	必ずしも徐行の必要はなく、左側に寄って進路をゆずる。
問15	×	設問の車両は、1年ごとに定期点検を行う。
問16	×	転回禁止場所は他の交通に関係なく、転回してはいけない。
問17	○	ブレーキペダルを踏まないように注意し、その上に置く。
問18	×	日常点検は、日頃から自分自身の責任において行う点検。
▶P.3問9 問19	○	「車両横断禁止」。右折を伴う横断は禁止されている。
問20	○	**安全地帯は、どのような理由があっても、車の通行が禁止されている。**
問21	×	故障や事故などに備え、停止表示器材を積んでおく。
問22	×	ミニカーは、普通自動車が高速道路を走行できる。
	×	後車が自車を追い越そうとしているときは、追い越し禁止。

◉問56	×	時速80キロメートルではなく、**時速100キロメートル**。
問57	○	交通規則を守り、交通事故を減少させることができる。
問58	×	運転席側面の助手席側面のどちらも、貼ってはいけない。
問59	○	げたやサンダルを履いて、二輪車を運転してはいけない。
問60	○	設問の方向の交通は、青色の灯火信号と同じ意味を表す。
問61	×	設問の場合、制動距離ではなく空走距離。
問62	×	人待ちや荷物待ちは、時間に関係なく駐車になる。
問63	×	これから運転しようとする人に、酒を勧めてはいけない。
問64	○	体の露出が少ない服装をし、プロテクターを着用する。
◉問65	○	**125ccを超える自動二輪車**は、高速道路を通行できる
問66	×	AからBは進路変更できるが、BからAはできない。
◉問67	×	**容易に発進できる下りの車**が、上りの車に進路をゆずるようにする。
▶P.9問2 問68	○	通園バスのそばを通るときは、徐行して安全を確かめる。
問69	○	道幅に関係なく、徐行場所として指定されている。
問70	×	設問のような有資格者を同乗させなければならない。
問71	○	取り障くときは、警察官などの確認を受ける必要はない。
問72	×	「環状の交差点における右回り通行」を示す規制標識。
▶P.3問1 問73	○	**歩道や路側帯を横切る際、歩行者の有無を問わず、その直前で一時停止する。**
問74	×	視界が妨げられたり、運転に集中できなくなり危険。
問75	×	あらかじめ道路の左端に寄ってから左折しなければならない。
問76	×	交通量の多いところでは、左側から乗り降りしたほうが

問28 ✕ 車両総重量の目安は、走行速度及び積み荷等により異なる。
問29 ✕ 設問の場所では、追い抜きも追い越しがともに禁止。
問30 ✕ 左折を伴う場合を除き、車は横断してはいけない。
問31 ✕ 警音器は鳴らさず、速度を落として運転する。
問32 〇 追い越し禁止場所にも徐行場所にも指定されている。
問33 〇 交通事故を起こすと家族にも大きな被害を与える。
問34 ✕ 徐行とは、ただちに停止できるような速度で進むことをいう。
問35 〇「運転者の他に大人3人は大人4人、「5歳の子ども3人は大人2人に換算、乗車人数の合計は6人、乗車できる。
▶▶P.7問7
問36 〇「駐車禁止区間の終わり」を表す。標識の向こう側は駐車できる。
▶▶P.10問3
問37 〇 荷物の見張りのためであれば、計可なく乗せることができる。
問38 〇 待避所に近いほうの車が、その中に入って道をゆずる。
問39 ✕ またがったとき、両足のつま先が地面に届くものを選ぶ。
問40 ✕ 泥水をはねて、他人に迷惑をかけてはいけない。
問41 〇 高速道路で2人乗りをするには、20歳以上で、かつ3年以上の経験が必要。
▶▶P.8問2
問42 〇 設問の自動車以外の車は、右折できる。
問43 〇 低速走行時は、エンジンのカが伝わりにくい特性がある。
問44 〇 出ようとする地点の直前の出口の側方を通過したときに行う。
問45 〇 水温計は、指針がCとHの中間付近にあるのがよい。
問46 〇 霧の日にライトを上向きにすると、かえって光が乱反射して見えづらくなる。
▶▶P.9問5
問47 〇 必ず運転免許証を携帯しなければならない。
問48 〇 車は路面電車は停止位置で一時停止して安全を確認してから進行し、歩行者は他の交通に注意して進行できる。
▶▶P.2問7
問49 〇 設問の自動車の法定最高速度は、時速100キロメートル。
問50 ✕ 重い車は慣性が大きく作用するので、制動距離が長くなる。
問51 ✕ コピーでは一く原本を車に備えつけておかなければならない。

問79 〇 使用者は違反及び事故の防止に努められると共に、必要しも従行する必要はない。
問80 ✕ 安全な間隔をあければ、必ずしも徐行する必要はない。
問81 ✕ 初心者マークは、前と後ろの定められた位置につける。
問82 〇 設問のようにした後、安全な場所で停止してエンジンを止める。
問83 〇 急ブレーキは避け、ブレーキは数回に分けてかける。
問84 〇「その他の危険」、この先に、何かその他の危険がある。
問85 〇 高速道路を走行するときは、空気圧をやや高めにする。
問86 ✕ さらにスリップする危険。強く踏んではいけない。
問87 〇 エンジンブレーキを活用し、フットブレーキは補助的に使用。
問88 〇 時速50キロメートル以上出せない車は通行してはいけない。
問89 〇 一方通行の道路での右折方法は、設問の通り。
問90 〇 前車が追突しないよう中央に寄っているときはその左側を通行する。
問91 (1) ✕ 横風が強いおそれがあるので、事前に速度を落とす。
   (2) 〇 まぶしさで目がくらむおそれがあるので、速度を落とす。
   (3) 〇 横風に備え、減速して姿勢を低く保つ。
問92 (1) ✕ 渋滞していて、踏切内で停止するおそれがある。
   (2) 〇 自車が入る余地を確認してから発進する。
   (3) 〇 対向車に注意しながら、やや中央寄りを通過する。
問93 (1) ✕ 一時停止して、歩行者の動きに注意する。
   (2) ✕ 交差点の左側から歩行者が出てくるおそれがある。
   (3) 〇 歩行者の動きに注意し、一時停止して安全を確かめる。
問94 (1) 〇 自転車は、片手運転のためふらつくおそれがある。
   (2) 〇 対向車と行き違ってから自転車を追い越すほうが安全。
   (3) 〇 自転車は、水たまりを避けるため道路の中央へ出てくるおそれがある。
問95 (1) 〇 危険を予測した正しい運転行動。
   (2) 〇 左の車が本線車道に入りやすいよう、このままの速度で進行する。
   (3) ✕ 加速車線の車は、自車の進行を妨げないとは限らない。

第1回 普通免許試験問題 解答と解説

※原付車とは一般原動機付自転車を表す。

◯……ひっかけ問題（▶……対策参照ページ）　◯……数字の暗記で解ける問題（ 　　　の数字を確実に覚えよう）

問	解答	解説
問1	◯	長距離運転するときは、運転計画を立てる必要がある。
問2	◯	積載装置に**30センチメートル**を加えた長さまで積める。
問3	✕	一時停止の必要はなく、他の交通に注意して進行できる。
問4	✕	B車側は広路なので、A車は進行を妨げてはいけない。
問5	◯	免許を取得すると、設問のような社会的責任を負う。
問6	◯	二輪車は見落とされることがあるので、十分注意が必要。
問7	◯	設問のようなブレーキのかけ方は、転倒しやすくなり危険。
問8	✕	落石が崩れることがあるので、寄り過ぎないように注意する。
問9	✕	目だけではなく、耳でも列車の音などを聞いて確かめる。
問10	◯	車は矢印の方向以外には進めない。
問11	◯	指定された時間を超えて駐車してはいけない。
問12	✕	頭部を保護するため、必ずヘルメットをかぶる。
▶P5問8 問13	✕	自転車は明らかに自転車横断帯を横断しようとしているので、その手前で一時停止し、道をゆずる必要がある。
問14	◯	設問のような灯火をつけるか、停止表示器材を置く。
問15	✕	中型乗用自動車なので、中型免許で運転できる。
問16	◯	事故防止のため、この標章を取り除いて運転することができる。
▶P4問3 問17	✕	設問のような場合は、交差点を避け、道路の左側に寄って一時停止しなければならない。
問18	◯	いずれもエンジンの過熱を防ぐ役目をしている。
問19	✕	低速ギアに入れて、エンジンブレーキを活用する。
問20	✕	行為をしようとする地点から**30メートル**手前で合図を行う。
問21	◯	法定最高速度は、乗用も貨物も時速60キロメートル。
問22	◯	普通自動車も通行できるが、バスなどが近づいてきたら、

問	解答	解説
問54	✕	不安定なので、安全に十分配慮する必要がある。
▶P6問9 問55	◯	前車が原付車を追い越そうとしている場合は、二重追い越しにはならない。
問56	◯	ハンドルだけで曲がろうとすると、転倒する危険がある。
問57	✕	「追越しのための右側部分はみ出し通行禁止」を表す。
問58	◯	「車両進入禁止」を表し、車はこの道路へ進入してはいけない。
問59	◯	カーラジオなどで地震情報や交通情報を聞いて行動する。
問60	◯	車は、道路の左側に寄って通行しなければならない。
問61	✕	ブレーキを踏まずに、ハンドルを滑った方向に切る。
問62	◯	眠気を感じたときは、運転を続けてはいけない。
問63	◯	交通事故を見かけたら、救助活動などに協力する。
問64	✕	「車両通行止め」。自転車などの軽車両も通行できない。
▶P3問8 問65	✕	遅い方は、二輪車も四輪車も同様に作用する。
問66	✕	車は左側の車両通行帯を通行しなければならない。大型自動車も左側の車両通行帯を通行する。
問67	◯	信号のある踏切では、信号に従って通過することができる。
問68	✕	車が曲がるとき、後輪が前輪より内側を通ることをいう。
問69	◯	追突しないように、安全な車間距離を保たなければならない。
▶P8問3 問70	✕	「一般原動機付自転車の右折方法（二段階）」の標識。
問71	✕	原付車は、二段階の方法で右折しなければならない。
問72	✕	設問の場合、徐行して進行しなければならない。
▶P5問5 問73	◯	必ずしも一時停止する必要はなく、状況によっては徐行して安全に通行させる選択肢もある。

問95 時速20キロメートルで進行しています。右側のガソリンスタンドに入ろうとするとき、どのようなことに注意して運転しますか？

(1) 前の車はいきなり減速するかもしれないので、斜めに道路を横断してガソリンスタンドに入る。
(2) 前の車は減速しないでそのまま右折できると思われるので、車間距離をつめて進行する。
(3) 前の車もガソリンスタンドに入ろうとしているかもしれないので、そのときは車間距離をつめて前の車に続いて右折する。

(1) 前の車との車間距離を十分にとると、他の車が自分の車線へ流入してくるかもしれないので、前の車との車間距離をつめて進行する。
(2) 右前方の車は、前の車との車間距離がつまっており、急に左へ車線を変更するかもしれないので、後続車に注意しながらアクセルを戻す。
(3) 二輪車は機動性があり、前の車を追い越すため急に右へ車線を変更するかもしれないので、急ブレーキをかけることのないよう、その動きに気をつけて進行する。

第5回 普通免許試験問題

問77 図13の標識があるときは、車や荷物、人の重さの合計が5.5トンを超える車は通行できない。

問78 室内灯は、バス以外でもなるべくつけて運転する。

問79 大型自動二輪車や普通自動二輪車での2人乗りは、高速自動車国道では禁止されているが、自動車専用道路では禁止されていない。

問80 信号機がある踏切で青色を表示していても、車は直前で一時停止しなければならない。

問81 火災報知機のある場所から1メートル以内の場所は、駐車が禁止されている。

問82 図14の標識のある道路は、一般原動機付自転車は通行できないが、自動二輪車は排気量に関係なく通行できる。

問83 左側部分が6メートル未満の道路であっても、中央線が黄色の実線のところでは、その線から右側部分にはみ出して追い越しをしてはならない。

問84 正しい運転姿勢は、運転操作が確実にでき、疲労も少ないので、身体を斜めにしたり、ひじを窓枠に乗せたりし、運転姿勢を崩すようなことをしてはならない。

問85 タクシーやバスなど営業目的で運転するには、第二種免許が必要である。

問86 タイヤチェーンは、前後輪駆動に関係なく、後輪につけるものである。

問87 二輪車を選ぶ場合、直線上を押して歩くことができれば、体格に合った車種といえる。

問88 図15の標識のあるところでは、自動車や一般原動機付自転車を追い越すため、進路を変えたり、その横を通り過ぎたりしてはならない。

問89 誤った合図や不必要な合図は、他の交通に迷いを与えることになり、危険を高めることになる。

問90 災害が発生し、区域を指定して緊急通行車両以外の車両の通行が禁止されたときは、区域外まで移動させなくてはならない。

問91 時速40キロメートルで進行しています。前方の道路が濡れているときは、どのようなことに注意して運転しますか?

図13

図14

追越し禁止 図15

問61 高速自動車国道での普通自動車の法定最高速度は、すべて時速100キロメートルである。

問62 明るいところから急に暗いところに入ると、しばらく何も見えずに、やがて少しずつ見えるようになるが、これを「明順応」という。

問63 走行中の速度を半分に落とせば、停止したくなる因をひらひ刈れる力は4分の1である。

問64 図11の路側帯は、軽車両の通行はできるが、車が中に入って駐停車することは禁止されている。

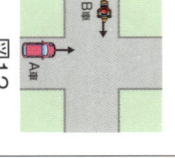

図11

問65 警察官が手信号により、交差点で両腕を水平に上げているとき、対面する車は停止線で停止しなければならない。

問66 横断歩道に近づいたとき、歩行者が手を上げて左側から渡ろうとして立ち止まっていたので、速度を落として横断歩道の直前で停止した。

問67 大型貨物自動車に荷物を積むとき、自動車の幅をはみ出して積んではならない。

問68 普通自動車二輪車は車体が小さいので、坂の頂上付近であっても駐車や停車をしてもよい。

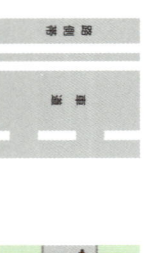

図9

問69 急な下り坂ではエンジンブレーキを使い、長い下り坂ではフットブレーキを頻繁に使うとよい。

問70 図12のような交通整理の行われていない道幅が同じ交差点では、B車はA車の進行を妨げてはならない。

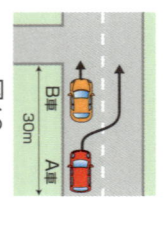

図8

問71 車は、[こう配の急な上り坂]「上り坂の頂上付近」「こう配の急な下り坂」では、追い越しが禁止されている。

問72 前の車が一般原動機付自転車を追い越そうとしているときは、追い越しをしてはならない。

問73 二輪車に乗るときは、他の運転者から見て目につきやすいものを着用する。

図10

問74 夜間は視界が悪く、視線が遠くに向きやすいので、できるだけ車のすぐ前に集中して運転するとよい。

問75 クレーンなどで、故障車の前輪を後輪をつり上げてけん引する場合は、けん引免許が必要である。

問76 交通が渋滞してノロノロ運転のときは、混雑するので車間距離はとらないほうがよい。

図7

第5回 普通免許試験問題

制限時間50分　合格ライン90点（100点満点中）

自己採点（問1〜90各1点、問91〜95各2点）
1回目　　点
2回目　　点

※解答・解説は36ページ

次の問題をよく読んで、正しいと思うものには「正」を、誤りと思うものには「誤」を、それぞれ答えなさい。
ただし、問91〜95のイラスト問題については(1)〜(3)すべてに正解しないと得点にはなりません。

問1 免許を受けていても、免許証の停止、仮停止期間中に運転すると無免許運転となる。

問2 自動車検査証に記載されている自動車の乗車定員には、運転者は含まれない。

問3 大型免許を取得している者は、大型自動車のほかに、中型自動車、準中型自動車、普通自動車、大型特殊自動車、小型特殊自動車、一般原動機付自転車を運転することができる。

問4 図1の標示は、前方の交差する道路に対して優先道路であることを示している。

問5 車の発進時、後退時には、車の周囲の安全確認を同乗者にしてもらったうえは、車の発進時、後退時に起きた交通事故の責任は運転者にはない。

問6 交通事故で、負傷者がいない物損だけのときは、お互いに話し合いがまとまれば、警察官に届け出る必要はない。

問7 歩行者のそばを通るときは、歩行者との間に安全な間隔をあけなければ徐行しなくてもよい。

問8 運転免許証等に記載されている条件欄に「眼鏡等」とある場合、コンタクトレンズの使用も含まれる。

問9 貨物自動車に荷物を積むときは、荷物の積みおろしに必要な最小限度の人を荷台に乗せることができる。

問10 図2の標識は、一般原動機付自転車の右折が禁止されていることを表している。

問11 進路変更するときは周りの安全を確認してから方向指示器を出し、頃合いを見計らって周りの交通の流れに乗るとよい。

問12 右折しようとして先に交差点に入ったときであっても、反対方向から来る直進車または左折車の進行を妨げてはならない。

問13 手による合図は、まぎらわしいので避けるべきである。

問14 夜間、横断歩道に近づいたとき、ライトの光で歩行者が見えないときは、横断する人がいないことが明らかなので、車はそのまま進行してよい。

問15 一般原動機付自転車のブレーキは、前後輪を同時にかけるのは危険である。

問16

問95 時速20キロメートルで進行しています。歩行者用信号が青の点滅をしている交差点を左折するときは、どのようなことに注意して運転しますか？

(1) 横断歩道の手前で急に止まると、後続の車に追突されるおそれがあるので、ブレーキを数回に分けて踏みながら減速する。

(2) 後続の車も左折であり、信号が変わる前に左折するため自分の車との車間距離をつめてくるかもしれないので、すばやく左折する。

(3) 歩行者や自転車が無理に横断するかもしれないので、その前に左折する。

(1) 右の車は自分の車が止まっていると思い、すぐ進路を変えるがもしくらい減速する。

(2) 右の車がすぐ左へ進路変更すると危険なので、やや減速し、左の車線へ進路を変える。

(3) 右の車がすぐ左へ進路変更すると危険なので、加速して前の車との車間距離をつめる。

第4回 普通免許試験問題

問75 夜間、一般道路で50メートル後方から見える照明のあるところでも、駐車するときは必ず駐車灯などの灯火をつけなければならない。

問76 図13の手による合図は、右折か転回、または右に進路変更するときの合図である。

問77 交差点を直進しようとする二輪車は、対向する右折四輪車がその距離や速度を誤って判断しているかもしれないので、四輪車の動向に注意しなければならない。

問78 踏切内で故障などのため動けなくなったときは、一刻も早く列車の運転士に知らせるとともに、車をすみやかに踏切の外に出すことが大切である。

問79 図14の標示がある通行帯を、午後8時に普通自動車で通行した。

問80 自動二輪車で同乗者の座席がないものや、一般原動機付自転車は、2人乗りをしてはならない。

問81 制動距離は、空走距離と停止距離を合わせたものである。

問82 トンネル内は、車両通行帯の有無に関係なく、追い越しをすることができない。

問83 高速道路で車が故障し、やむを得ず駐車する場合は、必要な危険防止の措置をとった後、車に残らずガードレールの外側などの安全な場所に避難したほうがよい。

問84 車が連続して進行している場合、前の車が交差点や踏切などで停止したり徐行しているときは、その側方を通過して車と車の間に割り込んだり、その前を横切ったりしてはならない。

問85 運転中は、前方の一点を注視するのがよい。

問86 警察官が灯火を振っている信号で、灯火が振られている方向に進行する交通は、黄色の灯火信号と同じ意味である。

問87 図15の標識のある道路であっても、一般原動機付自転車は時速30キロメートルを超える速度で運転してはならない。

問88 ハンドルのあそびは、まったくないほうがよい。

問89 1人で歩いている子どものそばを通るときは、警音器で注意をうながして通行する。

問90 高速自動車国道の登坂車線は、大型貨物自動車と大型乗用自動車だけが通行することができる。

問91 時速50キロメートルで進行しています。どのようなことに注意して運転しますか？

図13

図14

図15

問60 走行中、ハンドル操作を誤って車体が左右に揺れ出したときは、同じような揺れを止めながら運転しているとよい。

問61 地震が発生したので、車を路肩に止めてエンジンを切り、盗難予防のためドアをロックして避難した。

問62 本線車道に入ろうとする緊急自動車より、本線車道を通行している一般の自動車が優先する。

問63 車両総重量が3500キログラム未満、最大積載量が2000キログラム未満の貨物自動車は、普通免許で運転することができる。

問64 図11の標識は、二輪の自動車以外の自動車通行止めを表している。

問65 車を運転するときは、万が一の場合に備えて自動車の任意保険に加入したり、応急救護措置に必要な知識を身につけたり、救急用具を車に備えつけるようにする。

問66 夜間の高速道路では、対向車と行き違うときや他の車の直後を通行しているときでも、念のためのハンドブレーキをかけるようにして、少しでも早く落下物等を発見するようにする。

問67 オートマチック車が交差点などで停止する場合、ブレーキペダルを踏み、同時に後退を禁止されている。

問68 標識や標示によって横断や転回が禁止されているところでは、同時に後退も禁止されている。

問69 カーブを通行するとき、高速のままハンドルを切ったり、カーブに入ってからブレーキをかけたりすると、横転や横滑りする危険があるので避けるべきである。

問70 図12の標識のあるところでは、最大積載量3トンのトラックを運転して通行した。

問71 進路の前方に障害物があるときは、反対方向から来る車より先にその場所を通過するように速度を上げる。

問72 荷台に荷物を積んだとき、方向指示器、尾灯、制動灯、ナンバープレートなどが見えなくなるような積み方をした場合は、見張りの者を乗せれば運転してもよい。

問73 道路外の施設に出入りするための歩道や路側帯を横切るときに限り、その直前で一時停止する。

問74 スパイクタイヤは、雪道や凍りついた道路以外の道路では、路面の損壊や粉じんの発生の原因となるので使用してはならない。

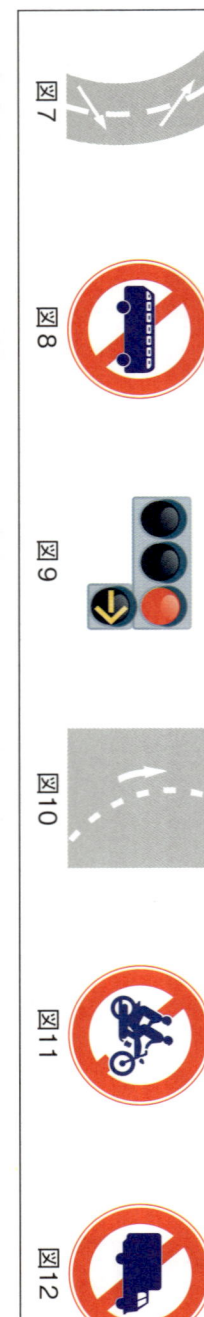

図7　図8　図9　図10　図11　図12

第4回 普通免許試験問題

制限時間50分　合格ライン90点（100点満点中）

自己採点（問1～90各1点　問91～95各2点）
1回目　　点
2回目　　点

※解答・解説は35ページ

次の問題をよく読んで、正しいと思うものには「正」を、誤りと思うものには「誤」を、それぞれ答えなさい。
ただし、問91～95のイラスト問題については(1)～(3)すべてに正解しないと得点にはなりません。

問1　二輪車を運転するときは、前かがみになって体をできるだけ低くし、風の抵抗を受けないようにするとよい。

問2　高速になればなるほど、ハンドルの切り方は、遅めに大きくする。

問3　走行中に安全確認を頻繁に行うと、交通渋滞の原因となるので、避けるべきである。

問4　図1の警察官の手信号で、警察官の身体に対面する交通に対しては、黄色の灯火信号と同じ意味である。

問5　急発進、急ブレーキ、空ぶかしは他の人に迷惑をかけるうえに余分な燃料を消費し、人体に有害な排気ガスを多く出す。

問6　交通事故が起きた場合、その責任は事故を起こした運転者だけが負うべきで、車のカギの管理が悪く勝手に持ち出されて起きた事故は、持ち主に責任はない。

問7　6歳未満の幼児を四輪車に乗せる場合、発音の程度に応じた形状のチャイルドシートを使用させなければならない。

問8　標示とは、ペイントや道路びょうなどによって路面に示された線、軌道や規制標示および警戒標示の2種類がある。

問9　乗車定員5人の普通自動車に、運転者の他に大人1人と12歳未満の子ども5人を乗せて運転した。

問10　図2の標識のある交差点で、一般原動機付自転車が右折するときは、自動車と同じ方法で右折しなければならない。

問11　児童や幼児が乗り降りのため停止している通学・通園バスの側方を通過するときは、後方で一時停止して安全を確かめなければならない。

問12　ブレーキペダルを踏み込んで、ぶかぶかした感じのするときは、ブレーキホースに空気が入っているか、ブレーキ液の液漏れのおそれがある。

問13　自動車を運転するとき、運転免許証は携帯していなければならないが、自動車検査証や自動車損害賠償責任保険証明書、または責任共済証明書までは携帯する必要はない。

問14　運転者は、ぬかるみや水たまりを通過する際は、徐行するなど他人に迷惑をかけないようにしなければならない。

問15

問95 時速30キロメートルで進行しています。どのようなことに注意して運転しますか？

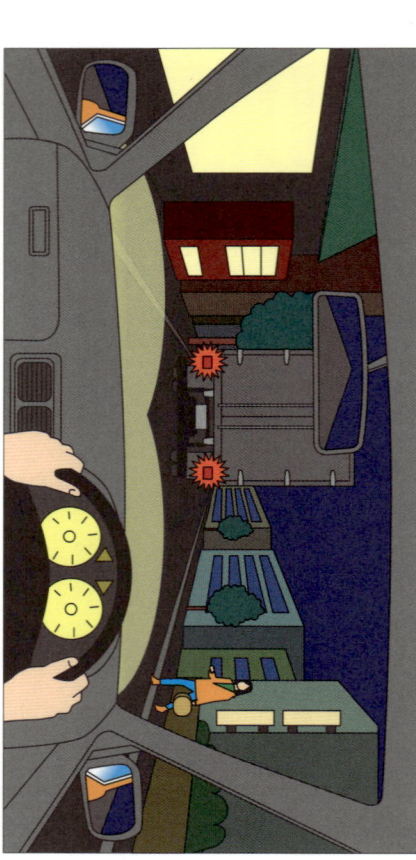

(1) 左の車は、自分の車が通過するまで止まっていなければならないので、加速して通過する。
(2) 左側の車が先に交差点に入ってくるかもしれないので、その前に加速して通過する。
(3) 対向する二輪車が次に右折するかもしれないので、前照灯を点滅し、そのまま進行する。

(1) 歩行者はこちらを見ており、自分の車が通過するのを待っているので、このままの速度で進行する。
(2) 歩行者が横断した後、トラックの側方では、対向車がいなければ安心して通過できるので、一気に加速して通過する。
(3) 夜間は視界が悪く、歩行者が見えにくくなるので、トラックの後ろで止まって、歩行者が横断し終わるのを確認してから進行する。

第3回 普通免許試験問題

問78 交通事故や故障などで困っている人がいても、当事者でなければ、とくに協力する必要はない。

問79 一般道路で標識で標示で最高速度が示されていないときの総排気量660ccの普通自動車の最高速度は、時速60キロメートルである。

問80 雨の日は、視界が悪く路面が滑りやすいので、晴れの日よりも速度を落とし、車間距離を長めにとって運転することが大切である。

問81 昼間であっても、トンネルの中や濃い霧などで50メートル（高速道路では200メートル）先が見えない場所を通行するときは、灯火をつけなければならない。

問82 横断歩道の手前に停止している車があるときは、車のかげから歩行者が急に飛び出してくるおそれがあるので、前方に出る前に徐行して安全を確かめる。

問83 図13の標識は、待避所を表すので、坂道で出会ったとき上りの車でも待避所に入って、下りの車の通過を待つようにする。

問84 図14の標示は、自転車専用道路であることを表している。

問85 子どもが道路で遊んでいるのを見かけたときは、警音器を鳴らして警告すれば、徐行しないで通行することができる。

問86 路線バス専用通行帯であっても、小型特殊自動車および軽車両は通行することができる。

問87 オートマチック二輪車は、クラッチ操作がいらない分、スロットルを急に回転させると急発進する危険があるので注意する。

問88 大地震が発生して、やむを得ず車を道路上に置いて避難するときは、車を道路の左端に寄せて駐車し、エンジンを止め、エンジンキーを携帯し、四輪車は窓を閉め、ドアをロックしておく。

問89 運転中、眠くなったときは、眠気を防ぐため、窓を開けて新鮮な空気を取り入れたり、ラジオを聞くなど気分転換を図りながら運転を続ける。

問90 車の運転中、携帯電話での通話は禁止されているが、メールの読み書きは運転に与える影響が小さく禁止されていない。

問91 左折のため時速20キロメートルまで減速しました。どのようなことに注意して運転しますか？

図13

図14

問64 一車線となるべくなるべくなるトンネルなどを通行するときは、〜

問65 高速道路では、総排気量125ccを超える普通自動二輪車は通行することができる。

問66 図11で、Bの車両通行帯を通行する車は、Aの車両通行帯へ進路を変えることはできない。

問67 山道での行き違いは、上りの車が下りの車に道をゆずるようにする。

問68 通学・通園バスが止まっていて、園児などが乗り降りしているときはそのそばを通るときは、園児などの飛び出しに気をつけ、徐行して安全を確かめなければならない。

問69 上り坂の頂上付近やこう配の急な下り坂であっても、道幅が広ければ徐行しなくてもよい。

問70 仮免許を受けた者が、練習のため普通自動車を運転するときは、その車を運転することのできる第二種運転免許や第一種運転免許を3年以上受けている者を横に乗せ、運転しなければならない。

問71「放置車両確認標章」を取りつけられたときは、駐車方法を変更するか車を移動したうえで、警察官などの確認を受け、標章を取り除いてもらわなければならない。

問72 図12の標識は「ロータリーあり」を示す警戒標識で、この先にロータリーがあることを事前に知らせて注意を促すものである。

問73 道路に面したガソリンスタンドなどに出入りするために歩道や路側帯を横切る場合は、歩行者がいてもいなくても、一時停止しなければならない。

問74 前面ガラスやルームミラーにマスコット類を下げるのは、気分転換に役立ち、運転を楽しくしてくれるので効果的である。

問75 自動車で左折するときは、二輪車などを巻き込まないように左の幅を十分あけてから左折する。

問76 車から降りるときは、どのような場合であっても、必ず右側から行うのがよい。

問77 遠心力の大きさは、カーブの半径が大きくなるほど大きくなり、速度に比例して大きくなる。

図7　図8　図9　図10　図11　図12

第3回 普通免許試験問題

制限時間50分　合格ライン90点（100点満点中）

※解答・解説は34ページ

自己採点
1回目　　点（問1〜90各1点）
2回目　　点（問91〜95各2点）

次の問題をよく読んで、正しいと思うものには [正]、誤りと思うものには [誤] を、それぞれ答えなさい。ただし、問91〜95のイラスト問題については (1)〜(3) すべてに正解しないと得点にはなりません。

- 問1　前方の交差点が混雑しているときは、横断歩道や自転車横断帯があれば、その中に入ってもよい。

- 問2　普通乗用車のフロントガラスの中央に貼ってあるステッカーの数字は、前回の検査（車検）の時期を示している。

- 問3　二輪車はバランスをとることが大切なので、足先を外側に向け、両ひざはできるだけ開いて運転するとよい。

- 問4　エンジンブレーキは、高速ギアよりも低速ギアのほうが効きがよい。

- 問5　本線車道とは、高速道路で通常走行する部分をいい、登坂車線も含まれる。

- 問6　図1の標識のあるところでは、歩行者と普通自転車など以外の車は通行できない。

- 問7　普通二輪免許を取得して1年を経過していない者は、一般道路で自動二輪車の2人乗りをしてはならない。

- 問8　[追越し禁止] の標識のある区間で、自動車が一般原動機付自転車を追い越した。

- 問9　高速自動車国道では、本線車道が混雑している場合に限り、路側帯を通行することができる。

- 問10　高齢者や子どもなどは、予期しない行動をする場合があるので、その動きに十分に注意して運転しなければならない。

- 問11　標識や標示で指定されていない一般道路における普通自動車の最高速度は、時速60キロメートルである。

- 問12　図2の標識のある場所では、直角に駐車してはならない。

- 問13　交差点やその付近以外のところでも、緊急自動車が近づいてきたときは、徐行しなければならない。

- 問14　自家用の普通乗用自動車は、1年ごとに定期点検を実施し、必要な整備をしなければならない。

- 問15　転回禁止の標識があっても、他の交通の妨げにならない場合は転回してよい。

- 問16　二輪車の正しい乗車姿勢は、ステップに土踏まずを乗せ、足先はブレーキペダルの上に置くとよい。

- 問17　自家用の普通乗用自動車（レンタカーを除く）を運転するときは、走行距離や運行時の状態などから不用意に踏んでしまう適切

(1) 自転車は、片手運転のためふらつくと思われるので、速度を落として対向車と行き違うまで自転車の後ろを進行する。

(2) 対向車と行き違ってから、側方の間隔を十分保ち、自転車を追い越す。

(3) 自転車は、水たまりを避けるための道路の中央へ進路を変えるかもしれないので、速度を落として対向車と行き違うまで自転車の後ろを進行する。

問95 高速道路を時速80キロメートルで進行しています。加速車線から本線車道に入ろうとしている車が十分に加速しているとき、どのようなことに注意して運転しますか？

(1) 加速車線の車がいきなり本線車道に入ってくるかもしれないので、右後方の安全を確認したあと、右側へ進路を変更する。

(2) 左の車が加速車線から本線車道に入りやすいよう、このままの速度で加速しないで進行する。

(3) 加速車線の車は、本線車道にいる自分の車の進行を妨げないので、加速して進行する。

第2回 普通免許試験問題

問77 エンジンオイルの量は、オイルレベル・ゲージ（油量計）のFとLとの間に保つようにする。

問78 図13の標識は、安全地帯であることを表している。

問79 違法に駐車している車に対しては、「放置車両確認標章」が取り付けられることがあり、その車の使用者は放置違反金の納付を命じられることがある。

問80 歩行者のそばを通るときは、どんな場合であっても徐行しなければならない。

問81 初心運転者（準中型免許または普通免許を受けてから1年を経過していない者）は、初心者マークを車の前か後ろの定められた位置につけなければならない。

問82 エンジンの回転数が上がったままになったときは、四輪車はただちにギアをニュートラルにする。

問83 高速走行中、やむを得ずブレーキをかけるときは、エンジンブレーキを有効に使うとともに、ブレーキを数回に分けてかけるようにする。

問84 図14の標識のあるところでは、この先にどんな危険があるかわからないから十分注意して運転する必要がある。

問85 高速道路を走行中、タイヤが高速回転して熱くなり、タイヤの空気圧が高くなるので、点検のときは規定の空気圧よりやや低めにするのがよい。

問86 雨の日、ブレーキをかけたらスリップしたので、ブレーキの効きが悪いと思い、もう一度強くかけた。

問87 オートマチック車のエンジンブレーキは効果がないので、下り坂を下るときはフットブレーキとハンドブレーキを使って走行する。

問88 他の車をけん引しているため、車の特性上時速50キロメートル以上の速度で走ることのできない自動車は高速自動車国道を通行することができない。

問89 一方通行の道路で右折するときは、あらかじめ道路の右端に寄り、交差点の中心の内側を徐行しなければならない。

問90 車は、他の車が右折するため道路の中央に寄って通行しているときは、その左側を通行しなければならない。

問91 高速道路を時速80キロで進行しています。トンネルから出るときは、どのようなことに注意して運転しますか？

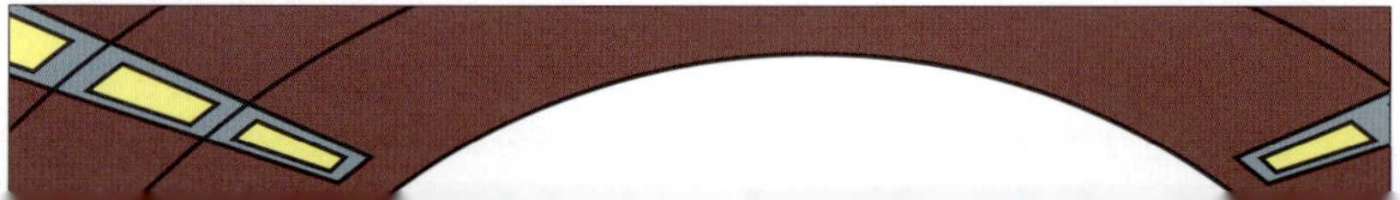

図13

図14

問62 大型車は、内輪差が大きく左後方に運転席から見えない場所があるので、左側を通行している歩行者や自転車などを巻き込まないように十分注意しなければならない。

問63 エンジンの総排気量が125cc以下で最高出力が4.0kW以下の二輪車は、原付免許で運転できる。

問64 交差点の手前に、黄色のペイントで、進行する方向別の通行区分が指定されているところでは、右左折のためであっても進路変更はできない。

問65 けん引装置のある大型自動車で、けん引される装置のある車両総重量が750キログラムを超える車をけん引するときは、大型免許の他にけん引免許が必要である。

問66 車を運転中、図11の標識があったので、すぐに停止できるように時速10キロメートル以下に速度を落とした。

問67 四輪車のファンベルトの張り具合は、ベルトの中央部を手で押したとき、少したわむ程度が適当である。

問68 センターライン（中央線）は、必ず道路の中央に引かれている。

問69 踏切に近づいたとき、表示する信号が青色であったので、安全を確かめ、停止せずに通過した。

問70 貨物自動車の積載重量は、自動車検査証に記載されている最大積載量の1割増しまでできる。

問71 「警笛区間」の標識のある区間以外であっても、見通しの悪い交差点では、警音器を鳴らさなければならない。

問72 図12の標識は「環状の交差点における右回り通行」を表し、環状の交差点では車は右回りに通行しなければならない。

問73 道路に平行して駐車している車と並んで駐車してはならないが、停車することはできる。

問74 二輪車の乗車用ヘルメットは、PS(c)マークかJISマークのついた安全なものを使え、あごひもを締めなくてもよい。

問75 自転車横断帯を自転車が横断していたので、係行して注意して進行した。

問76 消火栓、消防用機械器具の置き場、火災報知機から5メートル以内は、駐車禁止の場所である。

図6 　図7 　図8 　図9 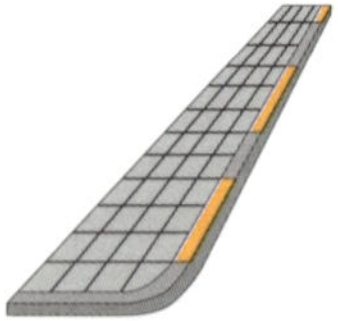　図10 　図11 　図12

第2回 普通免許試験問題

制限時間50分　合格ライン90点（100点満点中）

※解答・解説は33ページ

自己採点（問1〜90各1点　問91〜95各2点）

1回目	2回目
点	点

次の問題をよく読んで、正しいと思うものには「正」、誤りと思うものには「誤」を、それぞれ答えなさい。ただし、問91〜95のイラスト問題については(1)〜(3)すべてに正解しないと得点にはなりません。

問1 白や黄色のつえを持った人、盲導犬を連れた人が歩いている場合などの歩行者に対しては、一時停止か徐行してこれらの人が安全に通行できるようにしなければならない。

問2 負傷者を救護する場合は、負傷者をむやみに動かさず、出血の多いときは清潔なハンカチなどで止血する。

問3 二輪車でカーブを走行するときは、その手前で速度を落とし、走行中はブレーキを使わずに、スロットルで速度を調節するのがよい。

問4 運転中に携帯電話を手にしての使用は危険なので、あらかじめ電源を切っておくか、ドライブモードにして呼び出し音が鳴らないようにするとよい。

問5 歩道や幅の狭い路側帯のある一般道路で駐停車するときは、車道の左端に沿う。

問6 交通整理の行われていない道幅の異なる図1のような交差点では、一般原動機付自転車は左方の普通自動車に進路をゆずらなければならない。

問7 許可を受けた車は歩行者用道路を通行できるが、その場合でも歩行者に注意して徐行しなければならない。

問8 深い水たまりを通ると、ブレーキに水が入って、一時的にブレーキの効きがよくなる。

問9 一般原動機付自転車は、自動車専用道路を通行できても、高速自動車国道は通行できない。

問10 四輪車で正しい運転姿勢をとったときのシートの背は、ハンドルに両手をかけたときに、ひじがわずかに曲がる程度がよい。

問11 交差点で交通巡視員がひざを頭上に上げているとき、その交通巡視員の正面の交通は、赤信号と同じと考えてよい。

問12 図2の標識のある場所では、転回はできないが追い越しや横断は禁止されていない。

問13 交通整理の行われていない道路のような交差点では、左右どちらから来ても路面電車が優先する。

問14 夜間、交通整理の行われていない交差点で、灯火を身体の前で左右に振っている信号で、灯火を振っている

(1) 後続の二輪車は、自分の車の右側をぬってくると危険なので、できるだけ中央線に寄ってこのままの速度で進行する。
(2) 対向車の間から歩行者が出てくるかもしれないので、警音器を鳴らして、このままの速度で進行する。
(3) 自転車が急にバスの後ろを右折するかもしれないので、後続車に追突されないようにブレーキを数回に分けて踏み、速度を落として進行する。

問95 高速道路を時速80キロメートルで進行中、右の車が進路変更しようとしています。どのようなことに注意して運転しますか？

(1) 前の車との車間距離もなく危険なので、安全を確かめてから左の車線に進路を変える。
(2) 前の車との車間距離もなく危険なので、後続車に気をつけながら速度を落とす。
(3) 前の車との車間距離もなく危険なので、スピードを上げて、右の車が前方に入らないようにする。

第1回 普通免許試験問題

問76 車を運転中、図13の標示を通り過ぎたところでUターンをした。

問77 児童などが乗降中の通学通園バスのそばを通るときは、安全を確かめなくても徐行しなくてもよい。

問78 聴覚に障害があることを免許証等に記載されている運転者は、準中型自動車または普通自動車の定められた位置に「身体障害者マーク」をつけなければならない。

問79 停止距離は、空走距離と制動距離とを合わせた距離である。

問80 自動車が一方通行の道路から右折するときは、あらかじめ道路の中央に寄り、交差点の中心の内側を徐行しなければならない。

問81 雨降りの路面を高速で走行すると、路面とタイヤとの間に水がたまり、タイヤが浮いた状態になり、ハンドル操作がきかなくなることがある。

問82 図14の標識がある道路では、前方の交差点で矢印の方向に進行しなければならない。

問83 高速自動車国道で、他の車をけん引して走行するのは、けん引するための構造と装置のある車が、けん引されるための構造・装置のある車をけん引する場合に限られる。

問84 初心運転者期間中に、交通違反などをして一定の基準に達した者で、正当な理由がなく初心運転者講習を受けない者には、再試験が行われる。

問85 自動車の乗車定員は、12歳未満の子ども3人を大人2人として計算する。

問86 図15の標示のあるところの駐車場に入るとき、誘導員の合図があったので、徐行して歩道を横切った。

問87 スーパーマーケットの駐車場に入るとき、誘導員の合図があったので、徐行して歩道を横切った。

問88 左側部分の幅が6メートル未満の道路であれば、見通しが悪くても、右側部分にはみ出して他の車を追い越すことができる。

問89 交差点に「一時停止」の標識があるときの停止位置は、停止線があるときは停止線の直前、停止線がないときは交差点の直前である。

問90 車は横断歩道や自転車横断帯とその手前から30メートル以内の場所では、自動車や一般原動機付自転車を追い越してはならない。

問91 時速50キロメートルで進行しています。交差点を直進するときは、どのようなことに注意して運転しますか？

図13

図14

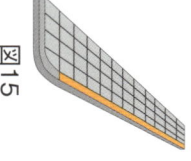

図15

問60 車両通行帯のない道路では、追い越しなどでやむを得ない場合のほかは、道路の左側に寄って通行する。
問61 後車輪が横滑りしたときは、ブレーキの踏み方がゆるいので、もっと強く踏むべきである。
問62 眠気を感じたので、窓を開けラジオを聞くなど気分転換をして、そのまま運転を続けた。
問63 交通事故を見かけたら、負傷者の救護や、事故車両の移動など積極的に協力する。
問64 図11の標識のある道路は、自動車や一般原動機付自転車は通行することができるが、自転車などの軽車両は通行することができない。
問65 カーブを回るときは遠心力が働くが、二輪車より四輪の車両通行帯のほうがその影響を受けやすい。
問66 2つの車両通行帯のある道路では、大型自動車は右側の車両通行帯を走行しなければならない。
問67 信号機のある踏切では、青色の灯火信号に従って、停止することなく通過することができる。
問68 内輪差とは、ハンドルを内側に切ったときの「ハンドルのあそび」のことである。
問69 運転者は、つねに天候や路面の状態を考え、前の車が急に止まっても追突しないような安全な車間距離をとらなければならない。
問70 図12の標識のある交差点で、青の右向きの矢印信号があるときは、一般原動機付自転車は信号機に従って右折できる。
問71 自動車損害賠償責任保険や責任共済への加入は、自動車は強制加入であるが、一般原動機付自転車は任意加入である。
問72 安全地帯のある停留所で路面電車が停止していて、乗り降りする人がいない場合は、そのままの速度で通過してよい。
問73 通行に支障のある高齢者や身体に障害がある人が歩いているときは、車は必ず一時停止して安全に通行できるようにする。
問74 二輪車でカーブを通行するときは、クラッチを切らないで、つねに車輪にエンジンの力をかけておくのがよい。
問75 横断歩道や自転車横断帯の手前で停止している車があるときは、その側方を通って前に出ようとする車は徐行しなければならない。

図7 図8 図9 図10 図11 図12

第1回 普通免許試験問題

制限時間 50分　合格ライン90点（100点満点中）

自己採点（問1〜90各1点、問91〜95各2点）

※解答・解説は32ページ

次の問題をよく読んで、正しいと思うものには「正」を、誤りと思うものには「誤」を、それぞれ答えなさい。
ただし、問91〜95のイラスト問題については(1)〜(3)すべてに正解しないと得点にはなりません。

問1　長距離の運転をするときは、あらかじめ運転コース、所要時間、休憩場所、駐車場所などについて計画を立てる必要がある。

問2　一般原動機付自転車の積み荷は、積載装置から後方に30センチメートル加えた長さまで積むことができる。

問3　正面の信号が黄色の点滅を表示しているときは、車は一時停止してから進行しなければならない。

問4　交通整理の行われていない図1のような道幅が違う交差点では、B車はA車の進行を妨げてはならない。

問5　運転免許を取得するということは、単に車を運転できるということだけでなく、刑事上、行政上、民事上の責任など、社会的責任があることを自覚しなければならない。

問6　二輪車は四輪車の運転者に見落とされたり、実際の距離より遠くに見られたり、速度が低く見られたりするので、交差点ではとくに右折する四輪車に注意しなければならない。

問7　二輪車を運転中、ハンドルを切りながら前輪ブレーキを強くかけると転倒しやすい。

問8　雨が降り続いたり、集中的に降ったりした後の山道などでは地盤がゆるんで崩れることがあるので、路肩に寄り過ぎないように気をつける。

問9　踏切を通過しようとするときは、まず踏切の直前で一時停止をし、自分の目で直接左右の安全を確かめれば十分である。

問10　図2の標識のあるところでは、車は左折しかできない。

問11　時間制限駐車区間では、パーキング・メーターが車を感知したとき、またはパーキング・チケットの発給を受けたときから、標識に表示されている時間を超えて駐車してはならない。

問12　二輪車によってなくなった人の多くは、頭部や顔面のケガが致命傷となっているので、乗車用ヘルメットは必ず着用しなければならない。

問13　自転車横断帯に近づいたとき、道路の前方を自転車が横断しようとしているので、いつでもその手前で止まること

トレールの外側などの安全な場所に避難したほうがよい。

□□ 問7 標識や標示による指定がないときの自動車専用道路での最高速度は、一般道路と同じである。

□□ 問8 高速自動車国道における大型貨物自動車の最高速度は、時速90キロメートルである。

□□ 問9 高速走行中に起きるハイドロプレーニング現象とは、タイヤの空気圧が低いために起きる波打ち現象のことである。

□□ 問10 高速自動車国道の本線車道では最低速度が定められているが、自動車専用道路の本線車道では定められていない。

問7 ○ 「一般道路と同じ」に注目。標識や標示による指定がないときの自動車専用道路での最高速度は一般道路と同じなので、**時速60キロメートル**。

問8 ○ 「大型貨物自動車」に注目。大型貨物自動車の最高速度は、時速90キロメートル。大型乗用自動車の最高速度は、時速100キロメートル。

問9 ✕ タイヤの空気圧が低いために起きる波打ち現象は、スタンディング・ウェーブ現象。ハイドロプレーニング現象は、タイヤが水の上に乗り上げて路面との間を滑走する現象。

問10 ○ 高速自動車国道の本線車道での最低速度は、時速50キロメートル。自動車専用道路の本線車道には、最低速度の規定はない。

ひっかけ問題対策 9

駐車と停車

合否を分ける10点をがっちりおさえる10テーマ

●次の問題をよく読んで、正しいと思うものには「○」を、誤りと思うものには「×」を、それぞれ答えなさい。

CHECK!

☐☐ **問1** 道路工事区域の端から5メートル以内では、駐車禁止されているが、停車は禁止されていない。

☐☐ **問2** 車庫の出入口から3メートル以内は駐車してはならないが、その車庫の関係者や本人であれば車庫の前に駐車してもよい。

☐☐ **問3** 右図の標識のあるところでは、標識の向こう側（背面）には駐車してもよいが、こちら側（手前）には駐車してはならない。

☐☐ **問4** 路側帯のないところで駐車するときは、歩行者の通行のため0.5メートルあけて駐車しなければならない。

問1 ○ 「停車は禁止されていない」に注目。道路工事区域の端から5メートル以内は、駐車禁止場所なので、駐車は禁止されているが、**停車は禁止されていない**。

問2 × 〔数字が重要〕 車庫の出入口から3メートル以内の場所は、駐車禁止場所として指定されている。たとえ、その車庫の関係者や本人であっても、駐車してはいけない。

問3 ○ 「駐車禁止区間の終わり」を表す。標識の向こう側は駐車できるが、標識の手前には駐車できない。

問4 × 「0.5メートルあけて駐車」は誤り。**路側帯のない道路では、道路の左端に寄せて駐車し**なければならない。

□□ 問6 舗装道路では、雨の降りはじめのほうが、降っている最中よりもスリップしやすい。

□□ 問7 夜間、高速道路で故障のため駐車するときは、後方に停止表示器材を置けば、非常点滅表示灯や尾灯などをつけなくてよい。

□□ 問8 右図の標識は、この先の道路が曲がりくねっているため、注意して運転する必要があることを表している。

□□ 問9 正面衝突のおそれが生じた場合、道路外が危険な場所でなくても、道路外に出ることをしてはならない。

□□ 問10 夜間、横断歩道に近づいたとき、ライトの光で歩行者が見えないときは、横断する人がいないことが明らかなので、車はそのまま進行してよい。

問6 ○ 降りはじめは、道路の表面に土ぼこりが浮き上がりスリップしやすくなる。その後、雨が降り続くと土ぼこりは雨で流されるので、スリップしにくくなる。

問7 × 高速道路では、停止表示器材とあわせて非常点滅表示灯などをつけなければならない。昼間で視界が200メートル以下の場合も同様。
【例外規定】

問8 × 「道路が曲がりくねっている」は誤り。この先の道路は、路面が滑りやすくなっているので、注意して運転する必要があることを表す。

問9 × 道路外が危険な場所でなければ、道路外に出て衝突を避ける。このとき、できるだけハンドルを左に切って正面衝突を回避する。

問10 × 横断する人は、明らかにいないとは限らない。ライトで見える範囲外にも人がいるおそれがあるので、停止できるように速度を落として進行する。

ひっかけ問題対策 7 二輪車の運転

●次の問題をよく読んで、正しいと思うものには「○」を、誤りと思うものには「×」を、それぞれ答えなさい。

CHECK!

☐☐ **問1** 二輪車を押して歩くとき、エンジンを止めていれば、横断歩道や歩道を通行してもよい(側車付きのもの、けん引しているものを除く)。

☐☐ **問2** 大型自動二輪車で高速道路を走行するときは、大型二輪免許を受けて1年を経過していれば2人乗りすることができる。

☐☐ **問3** 右図の標識のある交差点で、青の右向きの矢印信号があるときは、一般原動機付自転車は信号機に従って右折することができる。

☐☐ **問4** 二輪車でカーブを曲がるときは、車体を傾けると横滑りするおそれがあるので、車体を傾けないでハンドルを切って曲がるとよい。

問1 例外規定 ○ エンジンを止めて二輪車を押して歩く場合は歩行者として扱われるので、横断歩道や歩道を通行できる。しかし、側車付きのもの、けん引しているものは通行できない。

問2 × 「免許を受けて1年」は誤り。高速道路で2人乗りをするには、**20歳以上で、かつ3年以上の経験**が必要。

問3 × 「一般原動機付自転車の右折方法(二段階)」の標識。一般原動機付自転車は、矢印信号に従わず、二段階の方法で右折しなければならない。

問4 × 二輪車でカーブを曲がるときは、**車体と体を傾けて自然に曲がる要領で行う**。車体を傾けず、無理にハンドルを切って曲がるのは危険。

□□ 問7 乗車定員6人の普通自動車に、運転者の他に、大人3人と5歳の子ども3人を乗せて運転した。

□□ 問8 総排気量が660cc以下の普通自動車には、地上から2.0メートルの高さを超えて荷物を積んではならない。

□□ 問9 車両総重量が3500キログラム未満、最大積載量が2000キログラム未満の貨物自動車は、普通免許で運転することができる。

□□ 問10 大型自動車や普通自動車（三輪や660cc以下のものを除く）は、荷台から3.8メートルの高さまで荷物を積むことができる。

 問7 ○ 12歳未満の子ども3人は、大人2人として換算する。「運転者の他に大人3人」は大人4人、「5歳の子ども3人」は大人2人換算、乗車人数の合計は6人となり、乗車できる。

 問8 ✕ 「2.0メートル」は誤り。設問の普通自動車の高さ制限は、地上から2.5メートルまで。ちなみに、三輪の普通自動車と設問以外の普通自動車の高さ制限は、地上から3.8メートルまで。

 問9 ○ 普通免許では、車両総重量が3500キログラム未満、最大積載量が2000キログラム未満の自動車を運転することができる。この数字は、覚えておく必要あり。

問10 ✕ 「荷台から～」に注目。設問の自動車は、荷台からではなく、地上から3.8メートルの高さまで荷物を積むことができる。

ひっかけ問題対策 5
追い越し禁止場所

合否を分ける10点をがっちりおさえる10テーマ

●次の問題をよく読んで、正しいと思うものには「○」を、誤りと思うものには「×」を、それぞれ答えなさい。

CHECK!

☐☐ **問1** 横断歩道や自転車横断帯とその手前から30メートルの間は、追い越しか禁止されているが、追い抜きは禁止されていない。

☐☐ **問2** 追い抜きとは、進路を変えずに進行中の前車の側方を通り、その前方に出ることをいう。

☐☐ **問3** 交差点の手前30メートル以内の場所では、優先道路を通行している場合であっても、追い越しが禁止されている。

☐☐ **問4** こう配の急な下り坂は追い越し禁止であるが、こう配の急な上り坂は追い越し禁止ではない。

問1 ✕ 設問の場所では、歩行者や自転車の安全な横断を保護するため、**追い越しと追い抜きの両方が禁止されている。**

問2 ○ 「追い抜き」とは、**進路を変えないで進行中の前車の前方に出ることをいう。**一方「追い越し」とは、進路を変えて進行中の前車の前方に出ることをいう。

問3 ✕ 設問の場所は、原則として車の追い越しが禁止されている。しかし、**優先道路を通行している場合は、例外として禁止されていない。**
例外規定

問4 ○ **追い越しが禁止されているのは、こう配の急な下り坂だけ。**速度が増して危険なのが理由。したがって、こう配の急な上り坂は、追い越し禁止場所ではない。

□□ 問7 横断歩道は、横断する人がいないことが明らかな場合であっても、横断歩道の直前でいつでも停止できるように減速して進むべきである。

□□ 問8 自転車横断帯に近づいたとき、道路の前方を自転車が横断しようとしていたので、いつでもその手前で止まることができる速度に落とし、その通行を妨げないように自転車横断帯を通行した。

□□ 問9 児童・園児などの乗り降りのために停止している通学・通園バスの側方を通るときは、後方で一時停止して安全を確かめなければならない。

□□ 問10 安全地帯のない停留所に路面電車が停止しているときは、乗降客がなく路面電車との間に1.5メートル以上の間隔がとれれば、徐行して進行することができる。

問7
例外
規定
× 横断者の有無が明らかでないときは、停止できるように速度を落として進行しなければならない。しかし、明らかに横断する人がいないときは、そのまま進行することができる。

問8 × もっともらしい表現に要注意。自転車は明らかに自転車横断帯を横断しようとしているので、その手前で一時停止して、道をゆずらなければならない。

問9 × 必ずしも一時停止をして安全を確かめる必要はない。児童や園児などの急な飛び出しに備えて、徐行して安全を確かめる。

問10
例外
規定
○ 停留所に路面電車が停止しているときは、その後方で停止。しかし、乗降客がなく、路面電車との間に1.5メートル以上の間隔がとれるときは、徐行して進行することができる。

ひっかけ問題対策 3 交差点の通行方法

合否を分ける10点をがっちりおさえる10テーマ

●次の問題をよく読んで、正しいと思うものには「○」を、誤りと思うものには「×」を、それぞれ答えなさい。

CHECK!

☐☐ **問1** 一方通行の道路で右折するときは、あらかじめ道路の中央に寄り、交差点の中心の内側を徐行しなければならない。

☐☐ **問2** 環状交差点を左折、右折、直進、転回しようとするときは、あらかじめできるだけ道路の左端に寄り、環状交差点の側端に沿って通行する。

☐☐ **問3** 交差点付近を通行中、緊急自動車が近づいてきたので、交差点を避け、道路の左側に寄って徐行した。

☐☐ **問4** 交通整理の行われていない道幅の異なる右図のような交差点では、一般原動機付自転車は左方の普通自動車に進路をゆずらなければならない。

問1 × 「あらかじめ道路の中央に寄り〜」が誤り。一方通行の道路で右折するときは、あらかじめ道路の右端に寄り、交差点の中心の内側を徐行する。

問2 ○ 環状交差点での右折等の方法は、一般の交差点とは異なる。あらかじめできるだけ道路の左端に寄り、環状交差点の側端に沿って徐行しながら通行する。

問3 × 「〜徐行した」が誤り。交差点やその付近で緊急自動車が接近してきたときは、交差点を避け、道路の左側に寄って一時停止しなければならない。

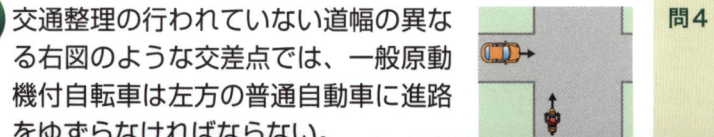

問4 × 車種や進行方向に惑わされてはいけない。道幅の広いほうが優先なので、普通自動車が一般原動機付自転車に進路をゆずらなければならない。

□□ **問6** 車は道路状況や他の交通に関係なく、道路の中央から右の部分にはみ出して通行することは禁止されている。

□□ **問7** 右図の標識のある道路では、歩行者、車、路面電車のすべてが通行できない。

□□ **問8** 2つの車両通行帯のある道路では、大型自動車は右側の車両通行帯を走行しなければならない。

□□ **問9** やむを得ないとき、安全地帯を通行してもよい。

□□ **問10** 道路がすいていて、路線バスも走行していなかったので、右図の標識のある通行帯を普通自動車で通行した。

問6 × 車は、道路の中央から左の部分を通行しなければならない。しかし、一方通行の道路や工事などで十分な道幅がないときは、右の部分にはみ出して通行することができる。 【例外規定】

問7 ○ 「通行止め」のある道路では、すべての通行が禁止されている。車や路面電車だけでなく、歩行者も通行できない。

問8 × 車は、左側の車両通行帯を通行しなければならない。大型自動車も例外ではなく、左側の車両通行帯を通行する。

問9 × 安全地帯は、道路上に設けられた歩行者の安全を確保する施設。どんな理由があっても、車の通行が禁止されている。

問10 ○ 「路線バス等優先通行帯」は、普通自動車でも通行できる。しかし、路線バスなどが接近して、そこから出られなくなるおそれがあるときは、はじめから通行してはいけない。

ひっかけ問題対策 1 信号の種類と意味

合否を分ける10点をがっちりおさえる10テーマ

●次の問題をよく読んで、正しいと思うものには「○」を、誤りと思うものには「×」を、それぞれ答えなさい。

CHECK!

☐☐ **問1** 片側3車線の道路に右図の信号のある交差点では、自動車や一般原動機付自転車は、矢印の方向に進むことができる。

☐☐ **問2** 黄色の灯火の矢印信号では、路面電車は矢印の方向に進行できるが、車や歩行者は進行できない。

☐☐ **問3** 交差点に右図の標示板があるときは、前方の信号が赤色や黄色であっても、自動車や一般原動機付自転車は他の交通に注意しながら左折することができる。

☐☐ **問4** 正面の信号が黄色の灯火のときは、車は他の交通に注意しながら進むことができる。

問1 × 自動車は、矢印の方向に進むことができるが、二段階右折する一般原動機付自転車は、二段階の方法で右折しなければならないので、この信号に従って進むことができない。

問2 ○ 路面電車は、矢印の方向に進行することができる。黄色の灯火の矢印信号は、路面電車に対する信号なので、車や歩行者は進行してはいけない。

問3 ○ 「左折可」の標示板。車は、前方の信号が赤色や黄色であっても、周りの交通に注意しながら左折することができる。この場合、信号に従って横断している歩行者や自転車の通行を妨げてはいけない。

問4 × 車は、停止位置から先へ進んではいけない。しかし、停止位置に近づいていて安全に停止できない場合は、そのまま進むことができる。 **例外規定**

試験当日の大切なこと

☑ 証明写真
申請前6か月以内に撮影したもの
(縦30mm×横24mm、無帽、上三分身、正面、無背景)

☑ 筆記用具
鉛筆、消しゴム、ボールペン、メモ帳など

☑ 運転免許申請書
試験場の受付に用意されている
(見本を見ながら必要事項を記入しよう)

☑ 受験手数料
受験料、免許証交付料が必要

☑ 卒業証明書
指定自動車教習所の卒業者のみ提出(実技試験が免除になる)

※受験するときは予約が必要なところがある。事前に試験会場などで確認しよう。

◎出題内容
- 国家公安委員会が作成した「交通の方法に関する教則」の内容の範囲内から出題される

◎試験の方法
- 筆記試験
- 配布された試験問題を読んで正誤を判断し、別紙の解答用紙(マークシート)に記入する

◎合格基準
- 仮免許、本試験ともに90%以上の成績であること

◎仮免許試験
- 制限時間：30分
- ➡文章問題(1問1点)が50問出題され、45点以上であれば合格

◎本免許試験
- 制限時間：50分
- ➡文章問題(1問1点)が90問、イラスト問題(1問2点)が5問出題され、90点以上であれば合格

普通免許受験ガイド

普通免許は、満年齢が18歳になれば、基本的に誰でも受験することができる。本書でしっかりと勉強し、みごと1回で合格できるようにがんばろう。

受験資格

免許が与えられない人
- 満年齢が18歳に満たない人
- 免許を拒否された日から起算して、指定された期間を経過していない人
- 政令で定める病気など、免許を保留されている人
- 免許を取り消された日から起算して、指定された期間を経過していない人
- 免許の効力が、停止または仮停止されている人

（一定の病気などに該当するかどうかを調べるため、症状に関する質問票を提出する）

受験に必要なもの

受験会場へ向かう前に必ずチェックしよう！

☑ 本籍（国籍）記載の住民票または免許証等

マイナンバーが記載されていない住民票（免許証かマイナンバーがある人は除く）

適性試験の内容

◎ 視力検査
- 両目で0.7以上あれば合格
- 片方の目が見えない人でも、見えるほうの視力が0.7以上で視野が150度以上あればよい

眼鏡、コンタクトレンズの使用も認められている。

◎ 色彩識別能力検査
- 信号機の色である「赤・黄・青」を見分けることができれば合格

◎ 聴力検査
- 10メートル離れた距離から警音器の音（90デシベル）が聞こえれば合格
- 補聴器の使用も認められている

◎ 運動能力検査
- 手足、腰、指などの簡単な屈伸運動をして、車の運転に支障がなければ合格

□□ 問6 信号機がある踏切で青色を表示していても、車は直前で一時停止しなければならない。

□□ 問7 右図の点滅信号のある交差点では、車や路面電車は停止位置で一時停止して安全を確認してから進行するが、歩行者は他の交通に注意しながら進行できる。

□□ 問8 対面する信号機の灯火が黄色の点滅を表示しているときは、車は他の交通に注意しながら進行してよい。

□□ 問9 警察官が右図のような灯火の信号をしているときは、矢印の方向の交通に対しては、信号機の赤色の灯火の信号と同じ意味である。

□□ 問10 警察官などの手信号と信号機の信号が違っているときは、信号機の信号に従う。

問6 × 踏切を通過するときは、その直前で一時停止して安全を確かめなければならない。しかし、踏切に信号機がある場合は、その信号に従って通過することができる。

問7 ○ 車や路面電車は、停止位置で一時停止して安全を確認してから進行する。しかし、必ずしも一時停止する必要はなく、他の交通に注意して進行できる。

例外規定

問8 ○ 黄色の点滅信号では、車は他の交通に注意しながら進行できる。黄色の灯火信号（問4）と比べ、意味が大きく違うので注意が必要。

問9 × 矢印の方向に対しては、黄色の灯火の信号と同じ意味を表す。一方、矢印に交差する方向に対しては、赤色の灯火の信号と同じ意味を表す。

問10 × 信号機の信号より警察官などの手信号のほうが優先するので、警察官などの手信号に従わなければならない。

ひっかけ問題対策 2 車が通行するところ

合否を分ける10点をがっちりおさえる10テーマ

●次の問題をよく読んで、正しいと思うものには「○」を、誤りと思うものには「×」を、それぞれ答えなさい。

CHECK!

☐☐ **問1** 道路に面したガソリンスタンドなどに出入りするために歩道や路側帯を横切る場合は、歩行者がいてもいなくても、一時停止しなければならない。

☐☐ **問2** 右図の標識は、自動車と一般原動機付自転車が通行できないことを表している。

☐☐ **問3** 路線バス専用通行帯であっても、小型特殊自動車および軽車両は通行することができる。

☐☐ **問4** 同一方向に3つ以上の車両通行帯があるときは、最も右側の車両通行帯は追い越しなどのためにあけておく。

問1 ○ 歩道や路側帯を横切る場合は、歩行者の有無にかかわらず、その直前で一時停止する。歩行者の通行を妨げないようにしなければならない。

問2 ○ 「車両(組合せ)通行止め」の標識で、標示板に示された車は通行できない。この場合、自動車(二輪を含む)と一般原動機付自転車が通行できない。

問3 ○ 【例外規定】専用通行帯は、原則として指定された車以外は通行できない。しかし、例外として小型特殊自動車、一般原動機付自転車、軽車両は通行することができる。

問4 ○ 最も右側の通行帯は追い越しなどのためにあけておき、それ以外の通行帯を通行する。速度の遅い車が左側の通行帯、速度が速くなるにつれて順次右寄りの通行帯を通行する。

☐☐ **問6** 「警笛区間」の標識のある区間以外であっても、見通しの悪い交差点では、警音器を鳴らさなければならない。

☐☐ **問7** 交差点とその手前から30メートル以内の場所では、一般原動機付自転車を追い越すため、進路を変えたり、その横を通り過ぎてはならない。

☐☐ **問8** 右図の標識のある交差点で右折する一般原動機付自転車は、他の自動車と同様に、あらかじめ道路の中央に寄り、交差点の中心のすぐ内側を徐行しながら通行しなければならない。

☐☐ **問9** 交通整理の行われていない道幅が同じようか交差点では、左右どちらから来ても路面電車が優先する。

☐☐ **問10** 交通整理の行われていない道幅が同じような交差点では、左方の車は右方の車に進路をゆずらなければならない。

問6 ✕ 警笛区間以外では、警音器をみだりに鳴らしてはいけない。警笛区間内で、見通しの悪い交差点を通行するときは、鳴らさなければならない。

問7 ◯ 設問の場所は「追い越し禁止場所」として指定されている。追い越しのため、進路を変えたり、その横を通り過ぎたりする行為も禁止されている。

問8 ◯ 標識は「一般原動機付自転車の右折方法（小回り）」。一般原動機付自転車は、二段階の方法で右折してはいけないので、他の自動車と同じ方法で右折する。

問9 ◯ 設問のような交差点では、左方から来る車の進行を妨げてはいけない。しかし、路面電車が進行しているときは、右方・左方に関係なく路面電車の進行を妨げてはいけない。

問10 ✕ 設問のような交差点では、左方から進行してくる車の進行を妨げてはいけない。右方の車が、左方の車に進路をゆずる必要がある。

ひっかけ問題対策 4

横断中の歩行者などの保護

合否を分ける10点をがっちりおさえる10テーマ

●次の問題をよく読んで、正しいと思うものには「○」を、誤りと思うものには「×」を、それぞれ答えなさい。

CHECK!

□□ **問1** 歩行者がいる安全地帯のそばを通るときは徐行しなければならないが、歩行者がいない場合は徐行しなくてもよい。

□□ **問2** 右図の標識は、この先は歩行者が多いので、車両は注意すれば通行してもよいことを表している。

□□ **問3** 横断歩道の手前に停止している車があるときは、車のかげから歩行者が急に飛び出してくるおそれがあるので、前方に出る前に徐行して安全を確かめる。

□□ **問4** 歩行者のそばを通るときは、歩行者との間に安全な間隔をあければ徐行しなくてもよい。

問1 ○ 車は、安全地帯のそばを通るときは、徐行しなければならない。しかし、**歩行者がいない場合は、徐行する必要はない**。

問2 × 標識は「**歩行者等専用**」を表し、車は通行できない。しかし、沿道に車庫を持つ車などで、**とくに通行が認められた車だけは通行できる**。

問3 × 「〜徐行して安全を確かめる」は誤り。停止車両で歩行者の有無が確認できないので、**前方に出る前に一時停止して**、安全を確かめなければならない。

問4 ○ 歩行者のそばを通るときは、車は安全な間隔をあけるか徐行しなければならない。つまり、**安全な間隔をあけることができれば、徐行する必要はない**。

☐☐ **問6** トンネル内は、車両通行帯の有無に関係なく、追い越しをすることができない。

☐☐ **問7** 右図の標識のあるところでは、右側部分にはみ出さなければ追い越しをしてもよい。

☐☐ **問8** 他の車が右折するため道路の中央や右端に寄って通行しているときや、路面電車を追い越そうとするときは、その左側を通行する。

☐☐ **問9** 前を走る自動車が一般原動機付自転車を追い越そうとしているときに、その前の自動車を追い越す行為は、二重追い越しとして禁止されている。

☐☐ **問10** 踏切の手前30メートル以内は追い越し禁止場所であるが、踏切の向こう側では追い越しをしてもよい。

問6 ✗ **例外規定** 「車両通行帯の有無に関係なく」に注目。車両通行帯がないトンネルに限っては追い越し禁止なので、車両通行帯がある場合の追い越しは禁止されていない。

問7 ○ 「追越しのための右側部分はみ出し通行禁止」の標識であり、追い越す行為を禁止するものではない。つまり、右側部分にはみ出さなければ、追い越しをすることができる。

問8 ○ **例外規定** 他の車を追い越すときは、車はその右側を通行しなければならない。しかし、設問のようなときは、例外としてその左側を通行しなければならない。

問9 ✗ 前車が一般原動機付自転車を追い越そうとしている場合は、二重追い越しにはならない。前車が自動車を追い越そうとしている場合は、二重追い越しになるので禁止されている。

問10 ○ 追い越しが禁止されているのは、踏切とその手前30メートル以内の場所。踏切の向こう側は、追い越し禁止場所ではない。

ひっかけ問題対策 6 免許の種類と運転

合否を分ける10点をがっちりおさえる10テーマ

●次の問題をよく読んで、正しいと思うものには「○」を、誤りと思うものには「×」を、それぞれ答えなさい。

CHECK!

□□ **問1** 運転中、眠くなったときは、眠気を防ぐため、窓を開けて新鮮な空気を取り入れたり、ラジオを聞くなど気分転換を図りながら運転を続ける。

□□ **問2** 一般原動機付自転車に荷物を積む場合は、積載装置から後方に0.3メートルまではみ出してもよい。

□□ **問3** 貨物自動車に荷物を積んだときは、荷物の積みおろしに必要な最小限度の人を荷台に乗せることができる。

□□ **問4** 故障車をロープやクレーンなどでけん引するときは、けん引免許は必要ない。

□□ **問5** 運転免許は、第一種免許、第二種免許、原付免許の3

問1 × もっともらしい表現に要注意。「~運転を続ける」は誤り。少しでも眠くなったら運転を継続しないで、**車を安全な場所に止めて休憩**する。

問2 ○ 積み荷は、**積載装置から後方に0.3メートルまではみ出して積むことができる**。また、左右の方向へは、それぞれ0.15メートルまではみ出して積むことができる。

問3 × 原則として荷台には、人を乗せてはいけない。しかし、**荷物の見張りのために必要な最小限度の人を乗せることは認められている**。

問4 ○ 他の車をけん引するときは、その種類に応じたけん引免許が必要。しかし、**故障車をロープやクレーンなどでけん引するときは、けん引免許は必要ない**。

問5 × 運転免許は、第一種免許、第二種免許、仮免許の3

□□ 問6 二輪車の正しい乗車姿勢は、肩に力を入れ、ひじを伸ばしてハンドルのグリップを強く握るとよい。

□□ 問7 片側2車線の道路の交差点で一般原動機付自転車が右折するときは、右折方法を指定する標識がなければ、あらかじめ道路の中央に寄り、交差点の中心のすぐ内側を徐行しなければならない。

□□ 問8 二輪車は、四輪車の運転者から、距離は実際より近く、速度は実際より速く判断されやすい。

□□ 問9 二輪車のブレーキは、エンジンブレーキを使い、前輪、後輪ブレーキを別々にかけるとよい。

□□ 問10 右図の手による合図は、右折か転回、または右に進路変更するときの合図である。

問6 ✕ 力の入れ過ぎに、かえって運転操作の妨げになる。路面からの衝撃を吸収するため、肩の力を抜き、ひじをわずかに曲げてグリップを軽く握る。

問7 ○ 設問のような方法で交差点では、一般原動機付自転車は二段階の方法で右折してはいけない。他の自動車と同じように、小回りの方法で右折する。

問8 ✕ 二輪車は車体が小さいため、距離は実際より遠く、速度は実際より遅く判断されやすい。したがって、四輪車の運転者から見落とされやすいので注意が必要。

問9 ✕ エンジンブレーキを活用するとともに、前後輪のブレーキを同時に使用する。別々に使用すると、安全に停止することができない。

問10 ○ 図の手による合図は、右折か転回、右に進路変更するときの合図。一方、左折か右に進路変更するときは、左腕を水平に伸ばす。

ひっかけ問題対策 8
合否を分ける10点がっちりおさえる10テーマ
悪条件下での運転

●次の問題をよく読んで、正しいと思うものには「〇」を、誤りと思うものには「×」を、それぞれ答えなさい。

CHECK!

☐☐ **問1** 夜間、一般道路で50メートル後方から見える照明のあるところでも、駐車するときは必ず駐車灯などの火をつけなければならない。

☐☐ **問2** 山道での行き違いは、上りの車が下りの車に道をゆずるようにする。

☐☐ **問3** 踏切内でエンストしたとき、オートマチック車は、セルモーターを使う方法で車を踏切外に出すことはできない。

☐☐ **問4** 夜間、見通しの悪い交差点やカーブなどの手前では、前照灯を上向きにするか点滅させて、他の車や歩行者に自車の接近を知らせるようにする。

問1 **×** 夜間、道路に駐停車するときは駐車灯などの灯火をつけなければならない。しかし、道路照明など50メートル後方から見える場合 **例外規定** は、必ずしもつける必要はない。

問2 **×** 上り坂での発進は、運転操作が複雑で後退するおそれがあり危険。したがって、容易に発進できる下りの車が、上りの車に進路をゆずるようにすると安全。

問3 **〇** 設問のような脱出方法は、マニュアル車では可能（ただし、クラッチスタートシステム装着車を除く）。**オートマチック車は、ギアが直結していないので不可能。**

問4 **〇** 前照灯を上向きにするか点滅させて、自車の接近を知らせる。夜間は、他の車や歩行者に自車の存在を知らせるため、このような方法で運転するとよい。

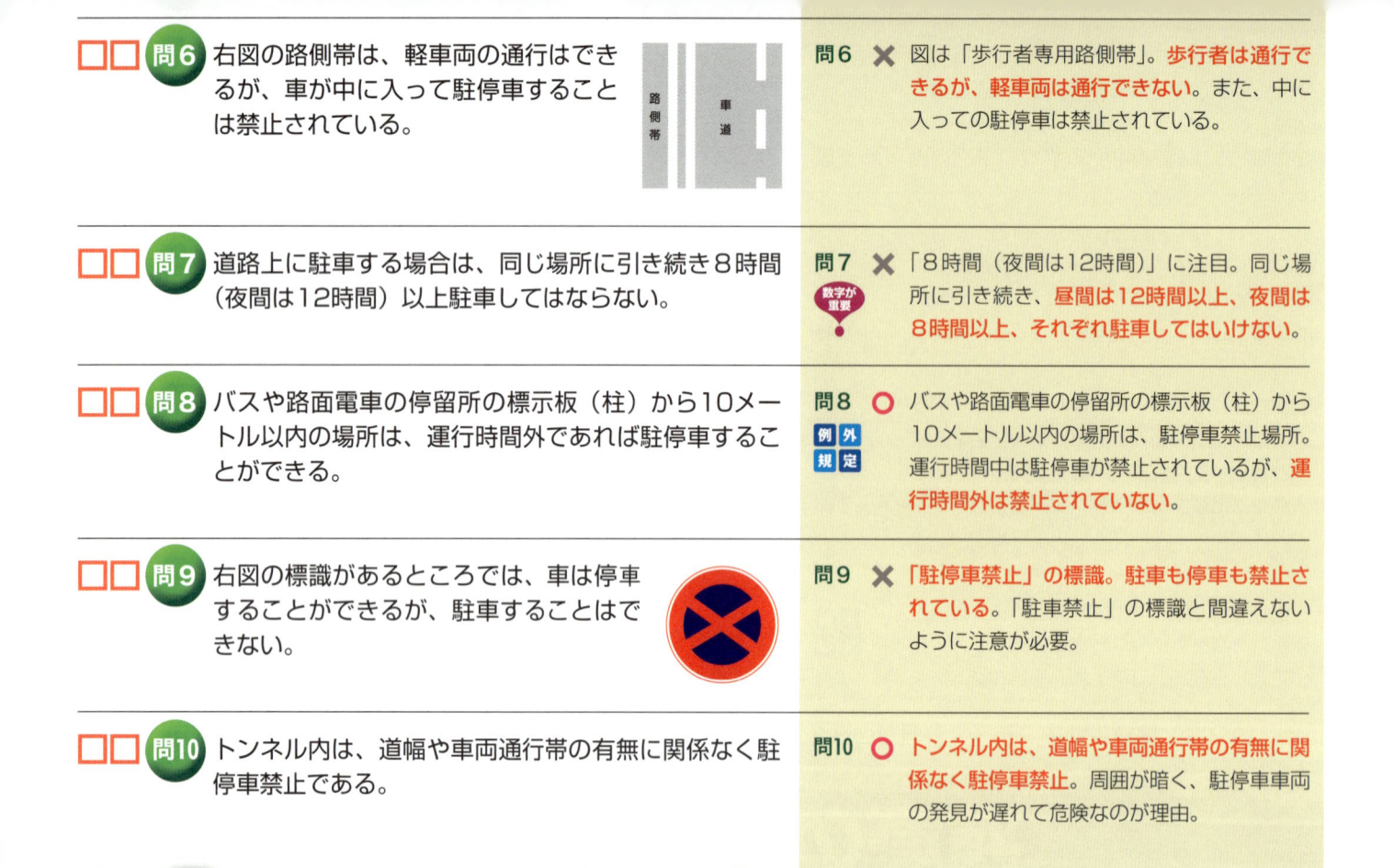

問6 右図の路側帯は、軽車両の通行はできるが、車が中に入って駐停車することは禁止されている。

問7 道路上に駐車する場合は、同じ場所に引き続き8時間（夜間は12時間）以上駐車してはならない。

問8 バスや路面電車の停留所の標示板（柱）から10メートル以内の場所は、運行時間外であれば駐停車することができる。

問9 右図の標識があるところでは、車は停車することができるが、駐車することはできない。

問10 トンネル内は、道幅や車両通行帯の有無に関係なく駐停車禁止である。

問6 ✗ 図は「歩行者専用路側帯」。歩行者は通行できるが、軽車両は通行できない。また、中に入っての駐停車は禁止されている。

問7 ✗ 「8時間（夜間は12時間）」に注目。同じ場所に引き続き、昼間は12時間以上、夜間は8時間以上、それぞれ駐車してはいけない。

問8 ○ バスや路面電車の停留所の標示板（柱）から10メートル以内の場所は、駐停車禁止場所。運行時間中は駐停車が禁止されているが、運行時間外は禁止されていない。

問9 ✗ 「駐停車禁止」の標識。駐車も停車も禁止されている。「駐車禁止」の標識と間違えないように注意が必要。

問10 ○ トンネル内は、道幅や車両通行帯の有無に関係なく駐停車禁止。周囲が暗く、駐停車車両の発見が遅れて危険なのが理由。

ひっかけ問題対策 10
高速道路での運転

合否を分ける10点をがっちりおさえる10テーマ

● 次の問題をよく読んで、正しいと思うものには「○」を、誤りと思うものには「×」を、それぞれ答えなさい。

CHECK!

☐☐ **問1** 高速自動車国道では、総排気量660cc以下の普通自動車と大型貨物自動車の最高速度は同じである。

☐☐ **問2** 往復の方向別に分離されていない高速自動車国道の本線車道での最高速度は、一般道路と同じである。

☐☐ **問3** 右図の標識のある道路は、一般原動機付自転車は通行できないが、自動二輪車は排気量に関係なく通行できる。

☐☐ **問4** 本線車道とは、高速道路で通常走行する部分をいい、登坂車線も含まれる。

☐☐ **問5** 高速自動車国道の本線車道での普通自動車の法定最高速度は、すべて時速100キロメートルである。

問1 × 「最高速度は同じ」は誤り。総排気量660cc以下の普通自動車は時速100キロメートル、大型貨物自動車は時速90キロメートル。

問2 ○ 設問のような本線車道での最高速度は、一般道路と同じ時速60キロメートル。中央分離帯がない道路で高速で行きちがうと大変危険。

問3 × 「排気量に関係なく」に注目。高速自動車国道または自動車専用道路を表し、総排気量125cc以下の普通自動二輪車は通行できない。

問4 × 高速道路の本線車道は、通常走行する部分をいうが、加速車線、減速車線、登坂車線、そして路側帯や路肩は、本線車道に含まれない。

問5 × 「すべて時速100キロメートル」は誤り。普通自動車の範囲内であっても、三輪自動車やけん引自動車の法定最高速度は、時速80キ

問18 ラジエータやファンベルトは、いずれもエンジンの過熱を防ぐ役目をしている。
問19 長い下り坂を走行中にブレーキが効かなくなったときは、ギアをニュートラルにするとよい。
問20 右折や左折、また転回の合図をする時期は、ハンドルを切り始めるのと同時がよい。
問21 大型自動車の一般道路での法定最高速度は、乗用も貨物も時速60キロメートルである。
問22 図4の標示がある通行帯は普通自動車も通行できるが、路線バスが近づいてきたときはすみやかにそこから出なければならない。
問23 高速道路の本線車道を走行するときは、左側の白の線を目安にして、車両通行帯のやや左寄りを通行するとよい。
問24 普通自動二輪車と大型自動二輪車の日常点検は、1日1回、必ず運転する前に行わなければならない。
問25 車を運転して集団で走行する場合は、ジグザグ運転や巻き込み運転など、他の車に危険を生じさせたり迷惑をおよぼしたりするような行為をしてはならない。
問26 道路に面した駐車場などに出入りするため路側帯を横切るときは、路側帯の直前で一時停止して、歩行者の通行を妨げないようにする。
問27 車の多い少ないに関係なく、酒やビールなどを飲んだときは運転してはならないし、運転するときは飲んではならない。
問28 図5の標示は、「立入り禁止部分」を表している。
問29 環状交差点に入るときは合図を行わないが、出るときは合図を行わない。
問30 速度制限されていない高速自動車国道では、大型貨物自動車の最高速度は、時速90キロメートルである。
問31 進路を変更するとき、後続車がいない場合は、合図をしなくてよい。
問32 高速道路の本線車道に合流するときは、本線車道の車の進行を妨げないように徐行しなければならない。
問33 警察官の図6のような灯火の信号は、矢印の方向の交通に対しては、信号機の赤色の灯火の信号と同じ意味である。

図1

図2

図3

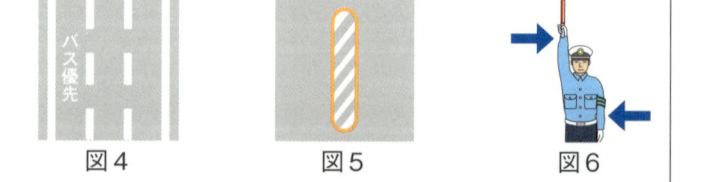

図4

図5

図6

第1回 普通免許試験問題

- 問34 初心者マークをつけている車は、つねに他の車から保護されているので、あまり注意して運転する必要はない。
- 問35 霧は、視界を極めて狭くするので、前照灯や霧灯、尾灯などを点灯し、必要に応じて警音器を鳴らすとよい。
- 問36 交通事故で頭部を負傷している場合は、救急車が来る前に病院へ連れていったほうがよい。
- 問37 安全にカーブを曲がるためには、カーブの途中で減速するより、その手前の直線部分で十分速度を落とすのがよい。
- 問38 「動作は速いが間違いが多い」より「動作は遅いが正確にできる」ことのほうが、安全な運転をするには重要である。
- 問39 一方向に車線を変えないまま、続いて左方に進路を変えるときの合図の時期は、その行為をする3秒前である。
- 問40 図7の標識は、最高速度時速50キロメートルの区間が終わったことを表している。
- 問41 白色のつえを持った人や子どもが歩いている場合、車との間に1メートルくらいの余地があれば、徐行しなくてよい。
- 問42 普通二輪免許を受けて1年を経過した場合、一般道路において普通二輪車で2人乗りをしてはいけない。
- 問43 交差点とその手前から30メートル以内の場所は、一般道路を通行している優先道路でも、追い越しが禁止されている。
- 問44 積載量や乗車定員に関係なく、車両総重量が11トン以上の大型自動車である。
- 問45 一般原動機付自転車は、2人乗りをしてはならない。
- 問46 図8の標識がある場所を通るときは、危険を避けるために、居夜を問わず警音器を鳴らさなければならない。
- 問47 高速道路で追い越しをするときは、後方の追い越し車線から接近してくる車に注意する。
- 問48 二輪車は機動性に富んでいて小回りがきくので、混雑している道路では、四輪車の間をぬって走ってもよい。
- 問49 高速自動車国道を運転中、疲れを感じたので、十分な幅のある路側帯に入って休憩した。
- 問50 夜間、横断歩道付近で対向車と行き違うとき、横断歩行者は見えなかったが、自分の車のライトと対向車のライトで道路の中央付近にいる歩行者が見えなくなることもあるので、速度を落として進行した。
- 問51 二輪車で走行中、エンジンの回転数が上がり、下がらなくなったときは、半クラッチのまま運転を継続するとよい。
- 問52 図9のような路側帯には、人の乗り降りのためであっても中に入って車を止めてはならない。
- 問53 交通整理の行われていない道路における同じような交差点では、左方の車は右方の車に進路をゆずらなければならない。
- 問54 車道を通行する特定小型原動機付自転車は、不安定であり運転者の身体を保護する機能がないという構造上の特性を持っているので、安全に十分配慮する必要がある。
- 問55 前を走る自動車が一般原動機付自転車や自転車を追い越そうとしているときに、その前の自動車を追い越す行為は、二重追い越しとして禁止されている。

(1) 交差道路の車がそのまま交差点内に進行すると、対向車はその車を避けるために中央線を越えてくるので、道路の左端によって、減速して進行する。
(2) 交差点の右側に車が見えるので、用心のためアクセルを戻して進行する。
(3) 前方が広く十分あいているので、安心して速度を上げることができる。

問92 高速道路を時速80キロメートルで進行しています。どのようなことに注意して運転しますか？

(1) 高速道路は速度超過になりやすいので、速度計を見ながら走行する。
(2) 前方のトラックで前の様子がわからないので、速度を落とし、十分車間距離をとる。
(3) 自分の車は右前方の乗用車のバックミラーの死角になっているかもしれないので、アクセルを少し戻してその死角から出る。

第1回 普通免許試験問題

問93 時速40キロメートルで進行しています。どのようなことに注意して運転しますか？

(1) 路面が凍結しており、カーブを曲がりきれないおそれがあるので、カーブの手前で十分減速する。
(2) 歩行者が雪に足をとられて自分の進路へ飛び出してくるかもしれないので、速度を落として走行する。
(3) 他の車が通った跡は滑りやすく危険なので、他の車の通った跡を避けて進行する。

問94 時速40キロメートルで進行しています。対向車線の車が渋滞のため止まっているときは、どのようなことに注意して運転しますか？

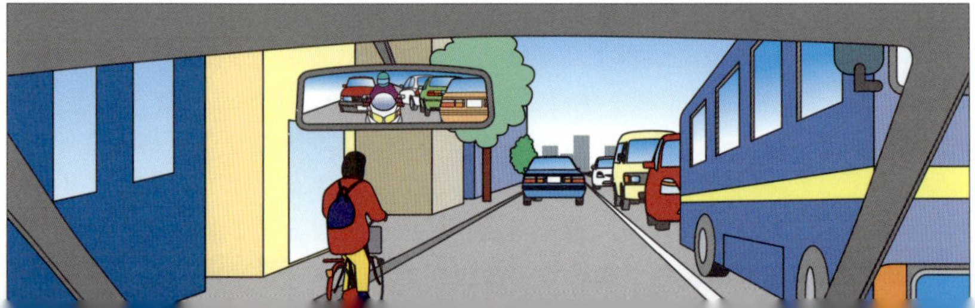

問18 図3の標識のある通行帯は、小型特殊自動車、一般原動機付自転車、軽車両以外の車は通行することができない。
問19 夜間、高速道路でやむを得ず駐車するときは、停止表示器材を置けば、非常点滅表示灯をつける必要はない。
問20 交差点で横の信号が赤色のときは、対面する前方の信号は必ず青色である。
問21 平坦な直線の雪の降った道路では、スノータイヤやタイヤチェーンをつけていても、スリップや横滑りすることがある。
問22 前方の信号機の信号が青色であっても、交通が混雑しているためそのまま進行すると交差点内で止まってしまい、交差道路の交通を妨害するおそれがあるときは、交差点に進入してはいけない。
問23 自動車を運転する人は、万が一に備えて任意保険に加入すべきである。
問24 図4の標示板のあるところでは、前方の信号が赤や黄であっても、周りの交通に注意しながら左折できる。
問25 一般道路において、普通二輪免許を受けて1年を経過していない者は、普通自動二輪車で2人乗りをしてはならない。
問26 前車が右左折しようとして合図をしたときは、急ブレーキや急ハンドルで避けなければならない場合以外は、その車の進路の変更を妨げてはならない。
問27 交差点で警察官が「止まれ」の手信号をしていたので、警察官の1メートル手前で停止した。
問28 高速道路での車間距離の目安は、路面が乾燥していてタイヤが新しい場合、時速100キロメートルで走行するときは100メートル必要である。
問29 横断歩道の手前30メートル以内では、追い越すときに限り、前車の側方を通過することができる。
問30 図5の標識は、道路外の施設に出入りするための左折を伴う場合を除き、車の横断が禁止されている。
問31 駐車車両が多いところでは、車の間から歩行者が出てくることをも予測し、ときどき警音器を鳴らすとよい。
問32 道路の曲がり角付近は、追い越し禁止場所であり、徐行しなければならない場所でもある。
問33 交通事故を起こすと、本人だけでなく家族にも、経済的損失や精神的苦痛など大きな負担がかかることになる。

図1

図2

図3

図4

図5

第2回 普通免許試験問題

問34 徐行とは、速度を時速60キロメートルから時速30キロメートルまで減速することである。

問35 乗車定員6人の普通自動車に、運転者の他に、大人3人と5歳の子ども3人を乗せて運転した。

問36 図6の標識のあるところでは、標識の向こう側(背面)には駐車してもよいが、こちら側(手前)には駐車してはならない。

問37 トラックに荷物を積んだとき、荷物の見張りのため荷台に1人乗せる場合は、警察署長の許可は必要ない。

問38 坂道では上りの車が優先なので、近くに待避所があっても下りの車がゆずる必要はない。

問39 二輪車を選ぶときは、シートにまたがったとき、両足のつま先が地面に届かないくらいがよい。

問40 ぬかるみや水たまりのあるところを通行するときは、泥や水をはねて他人に迷惑をかけないようにしなければならない。

問41 大型自動二輪車で高速道路を走行するときは、大型二輪免許を受けて1年を経過していればふたり乗りすることができる。

問42 図7の標識は、最大積載量3トン以上の自動車と大型特殊自動車の右折を禁止しているので、その他の車は右折できる。

問43 無段変速装置がついているオートマチック二輪車で低速走行しているときは、スロットルを完全に戻すとエンジンの力が伝わらなくなり、安定を失うことがある。

問44 環状交差点を右回りに行う合図の時期は、出ようとする地点の直前の出口の側方を通過したときである。

問45 自動車の水温計は、冷却水の温度を知るもので、指針がHとの中間付近を示しているのが適温である。

問46 霧の日は早めにライトをつけるべきだが、上向きにしたほうが見通しがよくなる。

問47 自動車の一般原動機付自転車を運転するときは、運転免許証等を携帯していなければならない。

問48 図8の点滅信号のある交差点では、車や路面電車は停止位置で一時停止して安全を確認してから進行するが、歩行者は他の交通に注意しながら進行できる。

問49 高速自動車国道における総排気量660cc以下の普通自動車の法定最高速度は、時速80キロメートルである。

問50 同じ速度で走行している車の制動距離は、荷物の重量が軽い場合よりも重い場合のほうが短くなる。

問51 普通乗用自動車を運転するときは自動車検査証の原本は家に大切に保管し、そのコピーを車に備えつけておくようにするとよい。

問52 進路変更や転回などの合図は、その行為が終わってから約3秒後にゆるやかに行えばならない。

問53 「大丈夫だろう」と自分によく考えず、「ひょっとしたら危ないかもしれない」と考えた運転をするほうが安全である。

問54 図9の標識のあるところでは、荷台から高さ3.3メートルまで荷物を積んだ車は通行できる。

問55 一方通行路では、車は道路の右側を通行することができる。

問56 高速道路を走行していて、目的の出口に近づいたことは本線車道で十分に速度を落としてから減速車線に入るようにする。

問92 前の車に続いて止まりました。踏切を通過するときは、どのようなことに注意して運転しますか？

(1) トンネル内は危険なので、トンネルを出るまではこのままの速度を保ち、外に出たところで一気に加速する。
(2) トンネルを出ると急に明るさが変わり、視力が低下するので、速度を落として走行する。
(3) トンネルの外に出ると、右の車線に流されるおそれがあるので、減速するとともに、乗車姿勢を低く保って横風に備える。

(1) 対向する乗用車の後ろのトラックと踏切内ですれ違うのに十分な道幅がないかもしれないので、前の車に続いて早めに踏切に入る。
(2) 前方の様子がわからず、踏切内で止まってしまうおそれがあるので、踏切の先に自分の車が止まる余地のあることを確認してから踏切に入る。
(3) 対向車が来ているが、左側に寄り過ぎないように通過する。

第2回 普通免許試験問題

問93 時速30キロメートルで進行しています。交差点を直進するときは、どのようなことに注意して運転しますか？

(1) 左側の植え込みの間に見える歩行者は、自分の車を待つと思われるので、そのままの速度で通行する。
(2) 交差点の右方向は、左側にあるミラーを見で確認できるので、停止線の直前で止まった後は、ミラーだけを注視しながらすばやく通過する。
(3) 左側の植え込みの間に歩行者が見えており、交差点の見通しも悪いので、一時停止して安全を確認する。

問94 時速30キロメートルで進行しています。対向車と行き違うときは、どのようなことに注意して運転しますか？

問22 前車を追い越そうとして安全を確認したところ、後車が自分の車を追い越そうとしていたので、前車を追い越すのを中止した。

問23 車両総重量5トンの貨物自動車は、準中型免許で運転することができる。

問24 図4の標示のある交差点で自動車が右折するときは、交差点の中心の外側を徐行しなければならない。

問25 普通免許では、乗車定員11人以上のマイクロバスは運転できない。

問26 正面衝突のおそれが生じた場合、道路外が危険な場所でなくても、道路外に出ることをしてはならない。

問27 近くに交差点のない一方通行の道路で緊急自動車が近づいてきたときは、状況によっては道路の右側に寄って進路をゆずってもよい。

問28 交通事故の現場に居合わせたとき、負傷者の救護や事故車の移動に積極的に協力するのがよい。

問29 横断歩道や自転車横断帯とその手前5メートル以内は、駐停車が禁止されているが、向こう側の5メートル以内は禁止されていない。

問30 図5の標識は、二輪の自動車以外の自動車は通行することができないことを表している。

問31 道路上で通に酔ってぶらつく、立ち話をする、座る、寝そべるなど交通の妨げとなるようなことをしてはならない。

問32 二輪車でブレーキをかけるときは、前輪ブレーキは危険であるからあまり使わず、主として後輪ブレーキを使うのがよい。

問33 故障車をロープでけん引する場合、故障車の運転はその車を運転できる免許を持っていない者でもよい。

問34 すべての薬が運転に不向きではないが、眠気を誘う薬を飲んだ場合、車を運転しないほうがよい。

問35 踏切を通過するときは、停止線がなくても、その直前で一時停止して安全を確認する。

問36 図6の標識は、この先の道路の道幅が狭くなることを表している。

問37 二輪車でぬかるみや砂利道を通過するときは、すばやく通過するとよい。

問38 高速道路では、けん引するための構造や装置の有無に関係なく、他の車をけん引して走行してはならない。

図1

図2 直角駐車

図3

図4

図5

図6

第3回 普通免許試験問題

- 問39 標識とは、交通の規制などを示す標示板のことをいい、本標識と補助標識がある。
- 問40 深い水たまりを通ると、ブレーキが効かなくなることがあるが、エンジンの熱で乾くので、水たまりを避けなくてもよい。
- 問41 オートマチック車を下り坂で駐車させておくときは、チェンジレバーを「P」の位置に入れておく。
- 問42 図7のマークは「移動用小型車標識」を表し、道路で移動用小型車を通行させる人が表示させるもので、またはー時停止表示器材を置かなければならない。
- 問43 夜間、照明のない一般道路で駐車するときは、尾灯や駐車灯などをつける。
- 問44 危険が予測される場所では、危険を避けるためやむを得ない場合は、警音器を鳴らすことができる。
- 問45 四輪車は、歩道や路側帯のない道路では、路肩（路端から0.5メートルの部分）にはみ出して通行してはならない。
- 問46 霧のときは、霧灯や前照灯を早めにつけ、中央線やガードレール、前車の尾灯を目安に速度を落として走行し、必要に応じて警音器を使うようにする。
- 問47 遮断機が上がった直後の踏切は、すぐに列車が来ることはないので、安全確認をせずに通過した。
- 問48 片側3車線の道路に図8の信号のある交差点では、自動車や一般原動機付自転車は、矢印の方向に進むことができる。
- 問49 交通規則になくとも、運転者の自由であるから、自分本位の判断で運転すればよい。
- 問50 道路の端から発進する場合は、後方から車が来ないことを確かめればよい。
- 問51 普通免許を受けていれば、一般原動機付自転車と小型特殊自動車を運転することができる。
- 問52 正面の信号が黄色の灯火のときは、車は他の交通に注意しながら進むことができる。
- 問53 雪道では、車の通った跡を走るのは危険なので、避けて通るようにする。
- 問54 図9の標識があるところでパーキング・メーターがあるときは、パーキング・メーターを作動させ、8時から20時までの間、60分以内の駐車ができる。
- 問55 車両通行帯のある道路では、標識や標示により通行区分が指定されているとき、自動車はそれに従って通行しなければならない、一般原動機付自転車は従う必要はない。
- 問56 高速自動車国道の本線車道での総排気量250ccを超える二輪車の法定最高速度は、時速80キロメートルである。
- 問57 交通規則は、みんなが道路を安全、円滑に通行する上で守るべき共通の約束ごとであるから、社会人として基本的なことである。
- 問58 濃い色の遮光シールを前面ガラスに貼ってはならないが、運転席の側面や助手席の側面であれば貼ってもよい。
- 問59 二輪車を運転するときは、げたやサンダルを履いて運転してはいけない。

問92 高速道路の料金所を時速40キロメートルで進行しています。どのようなことに注意して運転しますか？

(1) ブレーキが遅れると後続車に追突されるおそれがあるので、早めにブレーキを数回に分けて踏み、速度を落としておく。
(2) 右の車が無理に割り込んでくるおそれがあるので、速度を落として進行する。
(3) 左の車が割り込んでくると思われるので、その動きに注意して進行する。

(1) 対向車は、自分の車が左折する前に右折をはじめるかもしれないので、加速して、歩行者が横断している間を早めに左折する。
(2) 左側の横断歩道では、歩行者が交差点の両側から横断しているので、その妨げにならないように横断歩道の中央付近を左折する。
(3) 横断歩道を歩行者が横断しているので、安心して横断させるため、ゆっくりと横断歩道に近づき、その手前で止まり、歩行者が横断するのを待つ。

第3回 普通免許試験問題

問93 時速30キロメートルで進行しています。交差点を直進するときは、どのようなことに注意して運転しますか？

(1) 自転車と路地から出てくる車は、進行の妨げになるおそれがあるので、警音器を鳴らして、このままの速度で進行する。

(2) 自転車は、路地から出てくる車を避けるために道路の中央に進路を変更するかもしれないので、交差点を過ぎるまで自転車の後方について進行する。

(3) 路地から出てくる車は止まって待っていると思うので、右に寄って自転車との間隔をあけ、早めに交差点を通過する。

問94 時速40キロメートルで進行しています。交差点を通行するときは、どのようなことに注意して運転しますか？

問20 後ろの車が自分の車を追い越そうとしているときは、前の車を追い越してはならない。

問21 駐車禁止の道路でも、5分以内の荷物の積みおろしですぐに運転できるときは、車を止めることができる。

問22 図4の標識のあるところでは、70歳以上の高齢運転者であれば、専用場所がなくて停車することができる。

問23 左右の見通しがきかない交差点（信号機などによる交通整理が行われている場合や優先道路を通行している場合を除く）では、徐行しなければならない。

問24 路側帯のないところで駐車するときは、歩行者の通行のため0.5メートルあけて駐車しなければならない。

問25 たばこの吸いがら、紙くず、空き缶などを投げ捨てたり、身体や物を車の外に出したりして運転してはならない。

問26 二輪車は身体でバランスをとって走行するので、四輪車と違った運転技術が必要である。

問27 夜間、対向車と行き違うときは、自分の車と対向車のライトで道路の中央付近の歩行者が見えなくなることがあるので、速度を落としたほうが安全である。

問28 図5のマークをつけている車に対しては、追い抜きや追い越しをしてはならない。

問29 警音器を必要以上に鳴らすことは、騒音になるだけでなく、相手の感情を刺激し、トラブルを起こす原因になる。

問30 二輪車で2人乗りをするときは、同乗者が運転者の意思に反した動きをする可能性があるので、十分注意して運転する。

問31 雨降りや夜間など視界が悪いときは、前車がよく見えるように、晴れた日や昼間より前車に接近して運転したほうがよい。

問32 四輪車が下り坂などで急にブレーキが効かなくなったときは、まずブレーキを数回踏み、すばやく減速チェンジし、ハンドブレーキを引く方法がある。

問33 車両通行帯のない道路で、他の車から追い越されないように中央寄りの部分を通行した。

問34 図6の標識は、車は矢印の方向以外に進んではならないことを表している。

図1　図2　図3　図4　図5　図6

第4回 普通免許試験問題

問35 一般原動機付自転車の方法で交差点を右折するときは、前方の信号が青の矢印の信号に従って右折することができる。

問36 高速自動車国道の本線車道での中型貨物自動車の法定最高速度は、すべて時速90キロメートルである。

問37 二輪車で走行中、エンジンの回転数が上がり、下がらなくなったときは、半クラッチのまま運転を継続するとよい。

問38 右折または転回するときの合図は、その行為をしようとする地点から30メートル手前に達したときできる。

問39 横断歩道や自転車横断帯とその手前から30メートルの間は、追い越しが禁止だが、追い抜きは禁止されていない。

問40 図7の標示のある急カーブでは、右側にはみ出して通行できるが、対向車が来るので注意しなければならない。

問41 交通事故を起こした場合、刑事上の責任は車を運転した本人にあるが、民事上の責任はすべて車にかけてある保険の保険会社が負うことになっている。

問42 違反駐車をして放置違反金の納付を命ぜられた車の使用者は、その納付を怠ると、新たに自動車検査証（車検証）の交付が受けられなくなることがある。

問43 他の車の直後を進行するときは、その車の動きがよく見えるように、前照灯を上向きにしたほうがよい。

問44 こう配の急な下り坂は追い越しであるが、こう配の急な上り坂は追い越し禁止ではない。

問45 遠心力や制動距離は速度に比例するので、速度が2倍になれば、遠心力や制動距離は2倍になる。

問46 図8の標識がある道路は、乗車定員30人以上のバスは通行できないが、マイクロバスであれば通行することができる。

問47 酒を飲んだ人に運転を頼んだ人は直接運転していないので罰せられない。

問48 夜間、室内灯をつけたまま走行すると、前方が見えにくくなるので、バス以外の自動車は走行中に室内灯をつけないほうがよい。

問49 左折する場合、後輪は前輪の内側を通るので、左側の前輪はいっぱいに寄せるのがよい。

問50 本標識には、規制標識、指示標識、補助標識、警戒標識、案内標識の5種類がある。

問51 踏切では、エンスト防止のためすばやく変速し、一気に通過するのがよい。

問52 図9の矢印に対面する信号は、他の交通に注意して進むことができる。

問53 自家用普通乗用自動車の日常点検整備は、毎日1回、必ず行わなければならない。

問54 運転者が放置行為（違法に駐車すること）をすると、その車の使用者もその責任を問われることがある。

問55 走行中オーバーヒートしたときは、ハイヤーやタクシーを営業のため運転することはできないが、回送する目的であれば運転してもよい。

問56 普通第一種免許では、ハイヤーやタクシーを営業のため運転することはできないが、回送する目的であれば運転してもよい。

問57 二輪車のブレーキは、エンジンブレーキを使わないで、前輪と後輪のブレーキを別々にかけるとよい。

問92 時速40キロメートルで進行しています。どのようなことに注意して運転しますか？

(1) 対向車が中央線を越えて進行してくるかもしれないので、速度を落とし、車線の左側へ寄って進行する。
(2) この先はカーブが急になっていて曲がりきれず、ガードレールに激突するおそれがあるので、速度を落として進行する。
(3) 対向車が来る様子がないので、このままの速度でカーブに入り、カーブの後半で一気に加速して進行する。

(1) バスを降りた人が、バスの前を横断するかもしれないので、警音器を鳴らし、いつでもハンドルを右に切れるよう、注意して進行する。
(2) 歩行者がバスのすぐ前を横断するかもしれないので、いつでも止まれるような速度に落として、バスの側方を進行する。
(3) 対向車があるかどうかが、バスのかげでよくわからないので、前方の安全をよく確かめてから、中央線を越えて進行する。

第4回 普通免許試験問題

問93 時速40キロメートルで進行しています。どのようなことに注意して運転しますか？

(1) 子どもがふざけて車道に飛び出してくるかもしれないので、中央線を少しはみ出して通過する。
(2) 子どもが車道に飛び出してくるかもしれないので、ブレーキを数回に分けて踏み、速度を落としてから進行する。
(3) 子どもの横を通過するとき、対向車と行き違うと危険なので、加速して子どもの横を通過する。

問94 時速100キロメートルで高速道路を進行しています。どのようなことに注意して運転しますか？

問20 交差点以外の場所で緊急自動車が接近してきたときは、必ず左側に寄って進路をゆずらなければならない。
問21 進路が渋滞しており、そのまま進むと交差点内で停止するおそれがあるときは、たとえ青信号でも停止していなければならない。
問22 図4の標識のある道路は、危険なので自動車は通行することができない。
問23 乗車用ヘルメットで風防付きのものは、風防の汚れやほこりを取り除き、前方がよく見えるようにしておくことが大切である。
問24 黄色の線で区画されている車両通行帯では、緊急自動車が接近してきても、通行帯を変えてまで緊急自動車に進路をゆずらなくてもよい。
問25 進路の前方に障害物がある場合、その付近で対向車と行き違うときは、その地点を先に通過できる車が優先する。
問26 任意保険に加入すると、安心して運転して事故を起こしやすいので、任意保険には加入しないほうがよい。
問27 夜間は、昼間に比べて視界が悪く、歩行者や自転車などが見えにくく発見が遅れるので、同じ道路でも昼間より速度を落として運転しなければならない。
問28 図5のような中央線があるところでは、A側からはみ出して追い越しできるが、B側からはできない。
問29 高速道路から一般道路に出たときは、速度感覚が鈍っているので、速度計(スピードメーター)を見て走行するようにする。
問30 疲労の影響は目に強く表れ、疲労の度合いが高まるにつれて、見落としや見間違いが多くなる。
問31 軌道敷内は原則として通行できないが、右折や横断などのときは横切ってもよい。
問32 車とは、自動車と一般原動機付自転車のことをいい、自転車はこれに含まれない。
問33 他の車に追いついた場合、進路を変えて追いついた車の側方を通過して前方に出る行為は、「追い抜き」になる。
問34 図6の標識のあるところでは、普通自動車が右左折するための道路の右端や中央に寄るときは、この通行帯を通行してもよい。
問35 高速道路の最高速度は法律で決められているので、天候や気象状況によって速度の制限が変わることはない。

図1 　図2 　図3 　図4 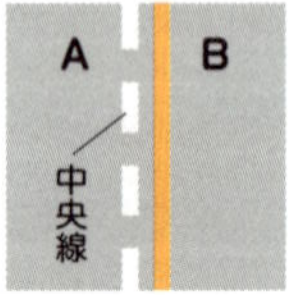　図5 　図6

第5回 普通免許試験問題

問36 高速道路に入る前には、燃料や冷却水、エンジンオイルの量、タイヤの溝の深さなどをよく点検し、停止表示器材を用意しなければならない。

問37 二輪車を運転するときは、タンクを両ひざで締めること（ニーグリップ）も大切である。

問38 運転者が危険を感じてからブレーキが実際に効きはじめるまでの間に車が走る距離を空走距離という。

問39 交通事故で頭部を負傷している場合、後続車による事故のおそれがないときは、その負傷者を動かさないほうがよい。

問40 図7は、トンネルの出口や山あいの間に設けられる「横風注意」の標識である。

問41 友人が酒を飲んでいることを知っていたが、自分は運転免許がなかったので、その友人の運転する車で自宅まで送ってもらった。

問42 高速道路で本線車道に合流するときは、本線車道を通行する車が優先である。

問43 夜間、一般道路に駐車するとき、道路照明などにより50メートル後方から見える場合は、非常点滅表示灯、駐車灯または尾灯をつけなくてもよい。

問44 二輪車は体で安定を保って運転するので、正しい運転姿勢で乗るようにしなければならない。

問45 横断歩道や自転車横断帯とその端から前後5メートル以内の場所は、駐車や停車が禁止されている。

問46 図8の標識は、学校や幼稚園、保育所などがあることを示している。

問47 衝撃力は速度の2乗に比例して大きくなり、速度が2倍になれば、交通事故に関係する衝撃力は4倍になる。

問48 運転中は、みだりに進路を変えてはならない。

問49 同一方向に進行中、進路を左方に変えるときに行う合図の時期は、進路を変えようとするときの約3秒前である。

問50 運転者は、自分本位の考えを捨て、ゆずり合いの気持を持って運転するように心がける。

問51 路面が雨に濡れて滑りやすく、タイヤがすり減っている場合は、路面が乾燥しているときに比べて、停止距離は2倍程度にのびる。

問52 図9の標識がある道路であっても、自転車や歩行者は通行してはならない。

問53 初心運転者は、運転が未熟であるから高速自動車国道や自動車専用道路を通行してはならない。

問54 急ハンドルや急発進によって後輪が横滑りしたときは、急ブレーキをかけて止めるとよい。

問55 大型自動二輪車や普通自動二輪車を運転中、幅の広い道路で右折しようとするときに、あらかじめ道路の中央に寄らなければならないので、急いで左側の車線から右側の車線に移るようにする。

問56 平坦な直線の雪道や凍った道路では、スノータイヤやタイヤチェーンをつけていれば、スリップや横滑りすることはない。

問92 前方に駐車車両があります。どのようなことに注意して運転しますか？

(1) 対向車はカーブ内の濡れた路面でスリップして中央線を越えてくるかもしれないので、二輪車に注意しながら速度を落として進行する。
(2) 前方のカーブ内は路面が濡れており、二輪車がスリップして転倒するかもしれないので、カーブに入る前に追い越す。
(3) 左側にはガードレールがあって、これに接触するといけないので、中央線寄りを進行する。

(1) 歩行者との間隔を十分保って、トラックとの間隔の間隔が保てないので、両側の間隔に気を配りながら速度を落として通過する。
(2) 右側の自転車は、歩行者を避けるため車道に出てくるかもしれないので、その動きに注意しながら速度を落として進行する。
(3) トラックの運転席のドアが急に開くおそれがあるので、トラックに寄り過ぎないように気をつけながら速度を落として進行する。

第5回 普通免許試験問題

問93 時速10キロメートルで進行しています。交差点を直進するときは、どのようなことに注意して運転しますか？

(1) 前の車が左折してから、安全を確認し、注意しながら進行する。
(2) 前の車が道路の手前で急に止まるかもしれないので、右側に寄って、そのままの速度で進行する。
(3) 対向車は、前の車のかげになっている自分の車に気づかず、先に右折するかもしれないので、その動きに注意して進行する。

問94 高速道路を時速90キロメートルで進行しています。どのようなことに注意して運転しますか？

問	答	内容
問27	○	飲酒運転は危険なので、絶対にしてはいけない。
問28	○	車の立入りが禁止されている場所であることを表している。
問29	×	入るときは合図を行わないが、出るときは合図を行う。
問30	○	大型貨物自動車の高速道路での最高速度は、時速90キロメートル
問31	×	後続車の有無に関係なく、合図をしなければならない。
問32	×	加速車線で十分加速してから合流する。
問33 ▶P.2問9	×	設問の場合、矢印の方向に対しては黄色の灯火信号と同じ意味を表す。
問34	×	初心者マークをつけていても、十分注意して運転する。
問35	○	必要に応じて警音器を鳴らして安全を確保する。
問36	×	頭部を打った場合は、むやみに動かしてはいけない。
問37	×	カーブ中のブレーキは危険なので、その手前で減速する。
問38	○	安全運転には、動作の速さよりも正確性が要求される。
問39	○	進路を変えようとする3秒前に合図を行う。
問40	×	時速50キロメートルの区間が終わったことを表す。
問41	×	一時停止をして、安全に通行できるようにする。
問42	○	2人乗りをするには、1年以上の経験が必要。
問43	○	優先道路を通行している場合、禁止されていない。
問44	×	車両総重量11トン以上の車は、大型自動車である。
問45	○	原付車の乗車定員は、運転者のみ1人。
問46	○	昼夜を問わず、警音器を鳴らさなければならない。
問47	×	後方の追い越してくる車に注意して追い越しをする。
問48	×	車の間をぬって走ったり、みだりに進路変更してはいけない。
問49	×	高速道路の路側帯は、休憩のために使用してはいけない。
問50	○	ライトを点灯しても歩行者が見えなくなる「蒸発現象」には注意が必要。
問51	×	点火スイッチを切って、エンジンの回転を止める。
問52	○	駐停車禁止路側帯の中に入って車を止めることはできない。
問53 ▶P.4問10	×	設問のような交差点では、右方の車が左方の車に進路をゆずる必要がある。

問	答	内容
問79	○	停止距離とは、空走距離に制動距離を加えた距離。
問80	×	あらかじめ道路の右端に寄って、右折しなければならない。
問81	○	ハイドロプレーニング現象は、ハンドル操作がきかなくなる。
問82	○	矢印の方向に従って進行しなければならない。
問83	○	設問のような車は高速道路を通行できる。
問84	×	初心運転者講習を受けない者には、再試験が行われる。
問85	○	12歳未満の子ども3人は、大人2人として計算する。
問86	×	人の乗り降りであっても、車を止めてはいけない。
問87	×	歩道を横切るときは、直前で一時停止しなければならない。
問88	×	見通しが悪いときは、追い越しをしてはいけない。
問89	○	停止線がない場合は、交差点の直前が正しい停止位置。
問90	○	設問の場所は、追い越し禁止場所である。
問91 (1)	○	対向車が中央線をはみ出してくるおそれがある。
(2)	○	右側の車は、道路を横断するおそれがある。
(3)	×	十分な車間距離をとって走行する。
問92 (1)	○	対向車や右側の車が自車の前方に出てくるおそれがある。
(2)	○	カーブを曲がりきれない位置を選んで走行する。
(3)	×	速度計で速度を確認しながら走行する。
問93 (1)	×	他車の死角に入らない位置をとって走行する。
(2)	○	歩行者が通った跡を避けて運転する必要がある。
(3)	○	車が通った跡を避けて運転すると、かえってハンドルを取られるおそれがある。
問94 (1)	×	中央線に寄ると、歩行者の急な飛び出しに対処できない。
(2)	○	警音器は鳴らさず、速度を落として進行する。
(3)	○	後続車に注意しながら、速度を落として進行する。
問95 (1)	○	左の車線に進路を変えるのも、安全な運転行動。
(2)	○	後続車に気をつけながら、速度を落として進行する。
(3)	×	右の車が自車の接近に気づかず、衝突するおそれがある。

※原付車とは一般原動機付自転車を表す。

問1	◯ 一時停止か徐行して、安全に通行できるようにする。
問2	◯ むやみに動かさないようにし、可能な応急救護処置を行う。
問3	◯ カーブの手前で十分速度を落とす。
問4	◯ 手に持って使用することは、危険なので禁止されている。
問5	× 車道の左端に沿って駐停車する。
問6	◯ ……ひっかけ問題（▶▶）……対策参照ページ 道幅の広いほうが優先なので、普通自動車は原付車に進路をゆずらなければならない。
問7	◯ 歩行者に注意して、徐行しなければならない。
問8	× 「転回禁止」の標識なので、追い越しや横断はできる。
問9	× 設問のような交差点では、路面電車が優先する。
問10	× 自動車専用道路も高速自動車国道も通行できる。
問11	◯ 設問の方向の交通は、赤色の灯火信号と同じ意味を表す。
問12	◯ 設問の方向の交差点では、信号機の青色の灯火信号と同じ。
問13	◯ 急ブレーキで遅れる場合以外は発進を妨げてはいけない。
問14	◯ ハンドルに両手をかけたとき、ひじがわずかに曲がる位置に合わせる。
問15	× 危険を早く認知するため、視線をできるだけ遠くに置く。
問16	× トレーラーは、最も左側の車両通行帯を通行できる。
問17	× 路線バスなどを優先させれば、一般の自動車も通行できる。
問18	× 停止表示器材を置き、さらに非常点滅表示灯などをつける。
問19	× 横の信号が赤色でも、正面が青色であるときは慎重に運転する。
問20	◯ スリップするおそれがあるので、横断してはいけない。
問21	◯ 設問のようなときは、交差点に進入してはならない。
問22	◯ 万が一のことを考え、任意保険にも加入するようにする。
問23	◯ あごひもを確実に締めて、正しく着用しなければならない。

問52	× これらの行為が終わったら、すみやかに合図をやめる。
問53	◯ 設問のように考え、危険を予測した運転を心がける。
問54	× 荷台からではなく地上から3.3メートルまでの車が通行できる。
問55	× 反対方向から車が来ないので、はみ出して通行できる。
問56	× 後続車の妨げになるので、減速車線に入ってから減速する。
問57	◯ とても滑りやすくなるので、急ハンドルや急ブレーキは危険。
問58	× ……P.8問8 二輪車は車体が小さいため、距離は実際より遠く、速度は実際より遅く判断されやすい。
問59	× 設問の合図は、徐行か停止をすることを意味する。
問60	◯ 黄色の破線は「駐車禁止」、実線は「駐停車禁止」を表す。
問61	◯ どれを怠っても、交通事故の原因となる。
問62	◯ 大型自動車の死角には、十分注意しなければならない。
問63	◯ 設問の二輪車は、原付免許で運転できる。
問64	◯ 黄色のペイントを越えて進路を変更してはいけない。
問65	◯ 大型免許に加え、けん引免許が必要。
問66	◯ 「徐行」なので、すぐに停止できるような速度で進行する。
問67	× 四輪車のファンベルトは、適当なたわみが必要。
問68	◯ 中央線は必ずしも道路の中央に引かれているとは限らない。
問69	◯ 設問の場合、安全を確認すれば停止しないで通過できる。
問70	× 自動車検査証に記載されている重量を超えてはいけない。
問71	× ▶▶P.4問6 警笛区間以外では、警音器をみだりに鳴らしてはいけない。
問72	◯ 環状の交差点であり、車は右回りに通行しなければならない。
問73	◯ 二重に駐車や停車をすることは、禁止されている。
問74	× あごひもを確実に締めて、正しく着用しなければならない。

問	答	内容
問27	○	負傷者の救護や故障車両の移動などに進んで協力する。
問28	○	向こう側の自動二輪車以外の自動車は通行できる。
問29	×	大型・普通自動二輪車は、駐停車が禁止されている5メートル以内も駐停車が禁止されている。
問30	○	道路上で設問のような行為は同時にかけるようにする。
問31	×	二輪車は、前後輪ブレーキを同時にかけるようにする。
問32	○	免許を持っている者を乗せなければならない。
問33	×	眠気を誘う薬を飲んだ場合は、車の運転を控える。
問34	○	踏切の直前で一時停止してから通過する。
問35	×	道幅も広く、車線数が減少することを表す。
問36	×	低速ギアに入れ、速度を落としてから通過する。
問37	×	トレーラーなど、けん引装置を備えている車は通行できる。
問38	○	標識には、本標識と補助標識がある。
問39	○	エンジンの熱では乾かない。水たまりを避けて走行する。
問40	×	オートマチック車を駐車させるときは、「P」に入れておく。
問41	○	図の「移動用小型車標識」を表示しなければならない。
問42	×	尾灯や駐車灯をつけるか、停止表示器材を置く。
問43	○	設問のような場合は、警音器を鳴らすことができる。
問44	○	四輪車は、路肩には出ていけない。
問45	○	霧灯や前照灯を点灯し、必要に応じて警音器を使用する。
問46	○	必ず一時停止をして、安全を確認しなければならない。
問47	○	標識には、本標識と補助標識がある。

▶ 問48 P.2問1

二段階右折する原付車は、設問の信号に従って進むことができない。

問	答	内容
問49	×	自分本位の判断で運転しては危険。
問50	×	右へ進路を変える場合と同じで、右合図が必要。
問51	○	原付車と小型特殊自動車も運転することができる。
問52	×	安全に停止できないとき以外は、先へ進んではならない。
問53	○	落輪防止のため車の通った跡を走るほうが安全。
問54	○	パーキング・メーターを作動させ、60分以内の駐車ができる。
問55	×	自動車も原付車も、通行区分に従わなければならない。

問	答	内容
問81	○	昼間であっても設問の場所は灯火をつけないと、車両の有無が確認できないので、前方に出る前に一時停止し、安全を確認しなければならない。
▶問82 P.5問3	×	待避所のある側の車がそこに入って道をゆずる。
問83	○	「自転車横断帯」を表す。
問84	×	警音器は鳴らさず、一時停止して保護する。

▶ 問85 P.3問3

軽車両は通行帯以外として、小型特殊自動車、原付車、専用通行帯は通行することができる。

問	答	内容
問86	○	スロットルを急に回転させると、急発進するおそれがある。
問87	×	エンジンキーはつけたままにするか乗車して、ドアロックしない。

▶ 問89 P.7問1

少しでも眠くなったら運転を継続しないで、車を安全な場所に止めて休憩する。

問	答	内容
問90	×	通話に限らず、メールの読み書きも禁止されている。
問91 (1)	×	対向車と衝突するおそれがある。
(2)	×	右側の車は、止まって待ってくれるとは限らない。
(3)	○	自転車の急な行動に備え、自転車の後方を追従する。
問92 (1)	○	横断歩道の手前で止まり、歩行者の横断を妨げない。
(2)	×	後続車からの追突に備え、ブレーキを数回に分けて減速する。
(3)	×	右の車の動きに注意しながら、速度を落として進行する。
問93 (1)	○	警音器は鳴らさず、速度を落として進行する。
(2)	×	左の車の動きに注意しながら、速度を落として進行する。
(3)	×	左側の車は、自車に気づかず出てくるおそれがある。
問94 (1)	×	左側の車と衝突するおそれがある。
(2)	×	二輪車が右折するおそれがあるので、速度を落とす。
(3)	×	歩行者は、自車の通過を待ってくれるとは限らない。
問95 (1)	×	トラックのかげから対向車が接近してくるおそれがある。
(2)	×	歩行者の横断に備え、一時停止して安全を確かめる。
(3)	○	歩行者の横断に備え、一時停止して安全を確かめる。

第4回 普通免許試験問題 解答と解説

※原付車とは一般原動機付自転車を表す。

❗……ひっかけ問題（▶▶……対策参照ページ） ❗……数字の暗記で解ける問題（■の数字を確実に覚えよう）

問1	✗	正しい運転操作ができない、視界も低下して危険。	
問2	✗	速度が速くなるほど、ハンドルを早めに小さく操作する。	
問3	✗	つねに周囲の安全を確認しながら運転しなければならない。	
問4	✗	設問の方向の交通は、赤色の灯火信号と同じ意味を表す。	
問5	✗	騒音や有害ガスを発生させ、他人に迷惑をかける。	
問6	✗	車を持ち出されないように管理しなければならない。	
問7	○	6歳未満の幼児はチャイルドシートを使用させる。	
問8	○	標示には、規制標示と指示標示の2種類がある。	
問9	✗	設問の場合、子どもは4人しか乗車できない。	
❗問10	○	自動車と同じく、あらかじめ道路の中央に寄って右折する。	
問11	○	一時停止の義務はなく、徐行して安全を確かめる。	
問12	✗	気泡が発生しているか、液体れのおそれがある。	
問13	✗	設問の書類は、車に備えつけておかなければならない。	
問14	✗	歩行者に泥や水をはね、迷惑をかけないようにする。	
❗問15	○	設問の自動車の高さを制限は、**地上から2.5メートル以下**。	
問16	○	自転車は、矢印の示す方向の反対方向には通行できない。	
問17	✗	路面状態が悪いと、停止距離が長くなる。	
問18	✗	停止車両の前方に出る前に一時停止して、安全を確認。	
問19	○	最も右側に、追い越しなどのためにあけておく。	
問20	○	設問のようなときは、前の車を追い越してはいけない。	
問21	✗	設問の場合は停車になるので、止めることができる。	
問22	✗	専用場所車両標章がないと停車できない。	
問23	○	徐行して、安全を確かめてから通過する。	
❗問24	✗	路側帯のない道路では、道路の左端に寄せて駐車しなければならない。	
▶▶P.10問4			
問25	○	設問のような行為は危険なので、してはいけない。	

問56	○	回送する目的であれば、運転することができる。
問57	✗	二輪車のブレーキは、前後輪同時にかけるのが基本。
問58	✗	左折だけでなく、右折や直進、転回するときも、これに従わなければならない。
問59	✗	積み荷の点検は、高速道路に入る前にしなければならない。
問60	○	危険なので、画像を注視して運転してはいけない。
問61	✗	誰でも移動できるよう、ドアはロックしないでカギをかけておく。
問62	✗	緊急自動車の進行を妨げてはいけない。
❗問63	○	**普通免許では、車両総重量が3500キログラム未満、最大積載量が2000キログラム未満の自動車を運転できる。**
▶▶P.7問9		
問64	✗	自動二輪車の2人乗りを禁止することを表す。
問65	✗	万一の場合に備えて、普段から十分な用意をしておく。
問66	✗	前照灯を減光するか、下向きに切り替えなければならない。
問67	○	ハンドブレーキをかけておくなどして、安全な運転行動。
問68	✗	横断や転回が禁止されていても、後退は禁止されていない。
問69	○	カーブの前の直線部分で、速度を落として進入する。
問70	○	5トン以上が通行止めなので、3トン車は通行できる。
問71	✗	障害物のある側の車が止まるなどして、道をゆずる。
問72	○	安全の確保はできないので、運転してはいけない。
問73	✗	歩行者の有無に関係なく、一時停止しなければならない。
問74	✗	スパイクタイヤは粉じん公害になるので使用禁止。
❗問75	✗	**道路照明などで50メートル後方から見える場合は、必ずしも駐車灯などの灯火をつける必要はない。**
▶▶P.9問1		
❗問76	○	設問の各図は、右折か転回、右に進路変更するときの合図。
▶▶P.8問10		

問	答	解説
問24	×	来場自動車等に追いつきやられ通行しようとするときは、反対側の車に進路をゆずる、障害物のあるほうの車が、反対側の車に進路をゆずる。
問25	×	万が一に備えて任意保険にも加入する。
問26	×	夜間は、昼間より速度を落として通行する。
問27	○	A側からはばすことができるが、B側からはできない。
問28	○	速度感覚がマヒしているので速度を確認する。
問29	○	疲労の影響は目に最も強く表れるので、適度な休息が必要。
問30	×	軌道敷内は、右折や横断のときのほかは横切ることができる。
問31	○	軽車両（自転車や荷車など）も車に含まれる。
問32	×	進路を変えて前の車の前方に出ざるを得ない行為は、「追い越し」。
問33	×	右左折工事などで変えないとき制限速度に入る場合、通行できる。
問34	○	制限速度は、天候や気象状況により変わることがある。
問35	○	高速道路に入る前には、必要な点検をしなければならない。
問36	×	タンクを両ひざで締めるニーグリップをして運転する。
問37	○	空走距離とは、ブレーキが効きはじめるまでに走る距離を示している。
問38	○	頭部を負傷している場合は、むやみに動かさないようにする。
問39	○	路面状況などにより、滑りやすい道路であることを表す。
問40	×	酒を飲んでいる人に、車の運転を頼んではいけない。
問41	×	本線車道を通行する車の進行を妨げてはいけない。
問42	×	説明の場所以外として駐車場などにつけつはない。
問43	○	正しい運転姿勢を保つことが、安全な運転につながる。
問44	○	説明の場所は、駐停車禁止場所として指定されている。
問45	○	横断歩道であることを、ブレーキがかかるように示している。
問46	×	速度が2倍になれば、衝撃力は**4倍**になる。
問47	○	他の通行に危険を与え迷惑となるので、禁止されている。
問48	○	進路変更の合図は、進路を変えようとする約**3秒前**に行う。
問49	○	思いやりとゆずり合いの気持ちを持って運転する。
問50	○	摩擦抵抗が低下するので、停止距離は**2倍程度**のびる。
問51	×	歩行者、車、路面電車のすべてが通行できる。
問52	×	切な運転者であっても、高速道路を運転することができる。
問53	×	急ブレーキはかけず、ずるずる滑った方向にハンドルを切る。

問	答	解説
問80	×	踏切に信号機がある場合は、その信号に従って通行することができる。
問81	○	駐車禁止場所として指定されている。
問82	○	標識は高速自動車国道または自動車専用道路を表す、総排気量125cc以下の普通自動二輪車は通行できない。
問83	○	道路の右側部分にはみ出して追い越しをしてはいけない。
問84	○	正しい姿勢で運転することが、安全運転につながる。
問85	×	営業目的で旅客を運送するには第二種免許が必要。
問86	○	駆動輪側（前輪駆動車は前、後輪駆動車は後）につける。
問87	○	8の字形に押したり、両足のつま先が届くかも確認する。
問88	○	進路を変えたり、その横を通り過ぎたりしてはいけない。
問89	○	不必要な合図は、してはいけない。
問90	○	道路外に移動すれば、区域外まで移動する必要はない。
問91 (1)	○	対向車と二輪車に注意しながら、左へ寄って進行する。
問91 (2)	○	対向車が衝突するおそれがある。
問91 (3)	×	対向車が自車に気づかずに右折して衝突するおそれがある。
問92 (1)	○	トラックや自転車の間隔に注意しながら速度を落とす。
問92 (2)	○	自転車の動きに注意しながら、速度を落として進行する。
問92 (3)	○	トラックのドアに注意してくるおそれがある。
問93 (1)	○	前車が左折した後、十分安全を確かめてから進行する。
問93 (2)	○	右折する対向車の動きに十分注意して進行する。
問93 (3)	○	前車との間に安全な車間距離を保って進行する。
問94 (1)	○	急な進路変更に備え、安全な車間距離をあける。
問94 (2)	○	二輪車の急な進路変更に備え、動きに十分注意して進行する。
問94 (3)	×	斜めに道路を横断してはいけない。
問95 (1)	○	前の車は、手前のガソリンスタンドに入るため急に減速するおそれがある。
問95 (2)	×	車間距離をつめると、前車に衝突するおそれがある。
問95 (3)	×	急する恐れがある。

36

マークシート式 学科試験解答用紙

正しいと思うときには「正」のワクを、間違っていると思うときには「誤」のワクをはみ出さないように、完全に塗りつぶしてください。

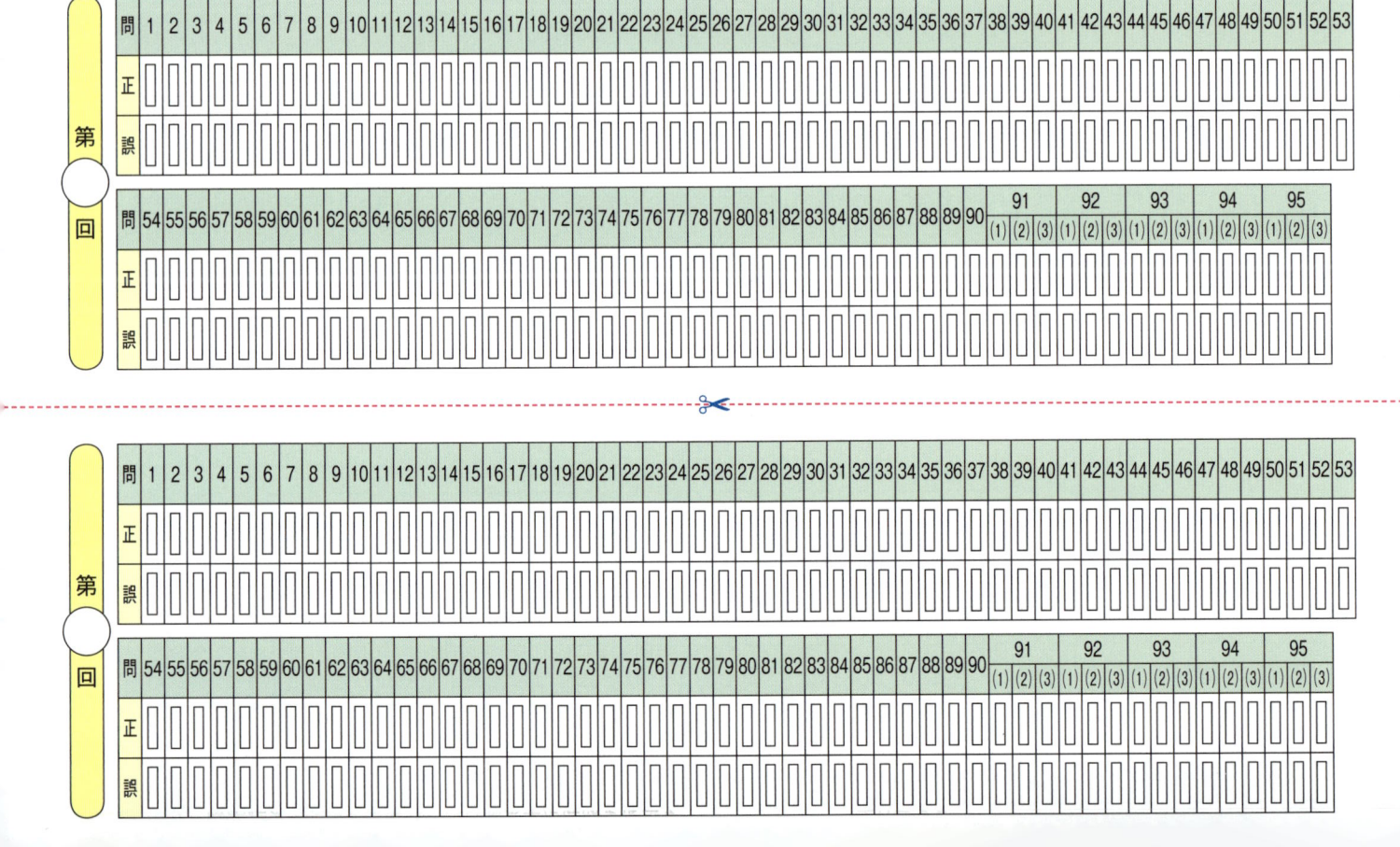

第 ○ 回

第　　回

問	1	2	3	4	5	6	7	8	9	10	11	12	13	14	15	16	17	18	19	20	21	22	23	24	25	26	27	28	29	30	31	32	33	34	35	36	37	38	39	40	41	42	43	44	45	46	47	48	49	50	51	52	53
正																																																					
誤																																																					

問	54	55	56	57	58	59	60	61	62	63	64	65	66	67	68	69	70	71	72	73	74	75	76	77	78	79	80	81	82	83	84	85	86	87	88	89	90	91			92			93			94			95		
																																					(1)	(2)	(3)	(1)	(2)	(3)	(1)	(2)	(3)	(1)	(2)	(3)	(1)	(2)	(3)
正																																																				
誤																																																				

第　　回

問	1	2	3	4	5	6	7	8	9	10	11	12	13	14	15	16	17	18	19	20	21	22	23	24	25	26	27	28	29	30	31	32	33	34	35	36	37	38	39	40	41	42	43	44	45	46	47	48	49	50	51	52	53
正																																																					
誤																																																					

問	54	55	56	57	58	59	60	61	62	63	64	65	66	67	68	69	70	71	72	73	74	75	76	77	78	79	80	81	82	83	84	85	86	87	88	89	90	91			92			93			94			95		
																																					(1)	(2)	(3)	(1)	(2)	(3)	(1)	(2)	(3)	(1)	(2)	(3)	(1)	(2)	(3)
正																																																				
誤																																																				

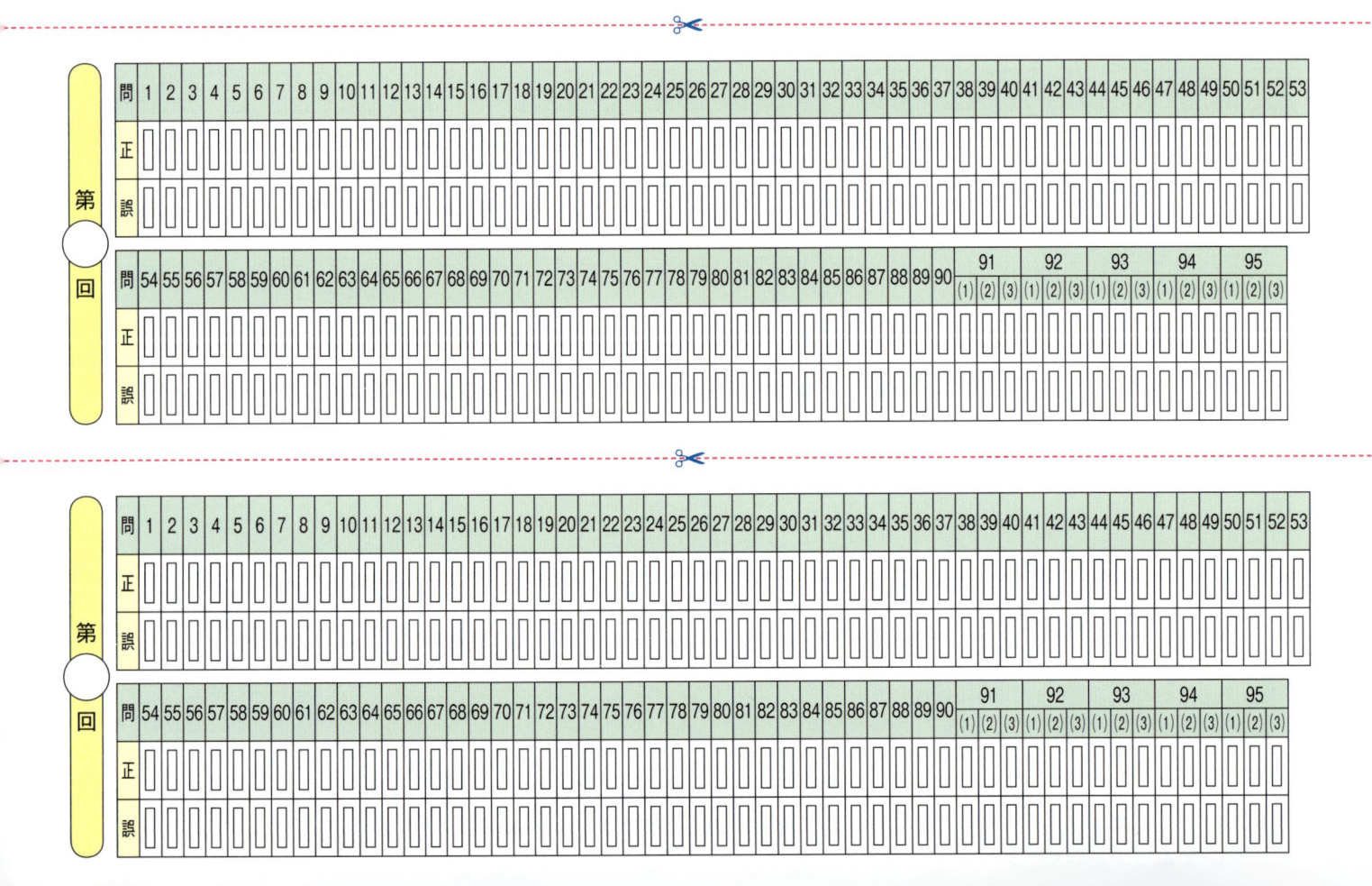